흠집에 관한
거의 모든 것

흙건축가 황혜주 교수의 단단한 집 짓기

흙집에 관한 거의 모든 것

황혜주 지음

행성B

―― 여는 말 ――

흙, 흙집, 흙집을 짓는 사람들

저는 대학원 석사 과정 때 콘크리트를 공부했습니다. 건축에는 여러 분야가 있는데 그중 건축 재료에 대해 공부했습니다. 건축 재료의 대부분은 콘크리트로, 저는 콘크리트 중에서도 바닷모래와 관련된 연구를 했습니다. 당시 신도시를 만들 때 바닷모래가 들어가서 문제가 있다는 말들이 많았었지요. 그때 연구 성과가 좋아서 큰 상도 받고 국책 과제도 수행하고 그래서 지도 교수님이 굉장히 좋아하셨습니다. 그때만 해도 저는 '아, 나는 콘크리트를 위해 태어난 천재 같다'는 생각을 했습니다. 한 치의 의심도 없이 당연히 콘크리트를 공부했고 콘크리트 관련 업체에서 장학금도 받으면서 학교에 다녔습니다.

그리고 박사 1학년 들어가면서 첫 아이를 낳았는데, 저 역시 초보 아빠들이 다 그렇듯이 별의별 꿈을 다 꿨습니다. 같이 놀러 다니고, 공부도 함께하고, 대학생이 되면 소주도 한잔 같이하고……. 그러다가 어느 순간 이 꼬맹이가 아장아장 내 연구실에 들어오면 어떡하지? 하는 생각에 정신이 번쩍 들었습니다. 내가 "어, 어서 와!"가 아니라 "에비에비, 여기 위험하니까 오지 마!" 이렇게 해야 하는데, '어, 이거 좀 이상한데? 우리 애를 오지 못하게 하는 연구를 해도 되는 걸까?' 하는 생각이 든 것입니다. 처음 건축에 입문했을 때는 '인류의 건강한 생활을 위해서 건축을 한다'고 배웠는데, 우리 애를 연구실에 오지도 못하게 하는 그런 건축을 하고 있구나, 이건 아닌 것 같다, 그래서 접어야겠다는 생각을 처음 했습니다.

지도 교수님께 콘크리트를 안 하겠다고 말씀드리니까 교수님이 황당해하셨습니다. 박사까지 왔는데 안 하겠다니, 그러면 뭐 할래? 하셨습니다. 저는 건축 재료를 전공하는 사람이니까 흙, 돌, 나무, 이런 것일 텐데, 나무는 다른 과에서 워낙 많이 하는 재료였고, 돌은 왠지 너무 차가워서 맘에 안 와 닿았습니다. 그런데 흙은 아무도 안 하는 것 같았습니다. 그때는 단순한 생각에 콘크리트 대신에 다른 재료로 바꿔야 하니까 흙으로 바꾸면 되겠다, 찾아보니까 논문 쓴 사람도 하나 없어서 논문도 되게 쓰기 쉽겠다 했습니다.

그래서 흙을 하겠다고 말씀드렸더니 지도 교수님께서 말리셨습니다. 결혼해서 애도 있는데 이제 장학금도 못 받을 테고 졸업해서 취업할 데도 없을 텐데 어떻게 먹고살려고 그러느냐는 것이었습니다. 지도 교수님이 자애로우셔서 걱정이 많으셨던 거였습니다. 그래도 저는 덩치가 좋으니까 막노동이라도 할 테니 걱정하지 마십시오 했습니다. 지도 교수님은 못 하게 하고, 저는 하겠다고 하고, 이렇게 한참 밀고 당기를 하던 중에 지도 교수님께서 책 한 권을 주셨습니다. 젊으셨을 때 일본으로 교환 교수로 가시면서 흙을 가져가 연구했으나 실패했던 보고서였습니다. 덧붙여 아마 평생을 걸어야만 가능할 거라는 말씀도 하셨습니다. 그렇게 흙과의 인연은 시작되었습니다.

사실 그때는 이렇게 오래 할 생각도 아니었습니다. 논문 쓰고 취업이 안 되면 강사도 하고 그러다가 교수 자리 나면 가야지 하고 생각했습니다. 그랬는데, 이 흙이 늪이었습니다. 한번 발을 들이면 못 빠져나옵니다. 지금까지 한국흙건축학교에 오신 많은 분들도 그렇습니다. 흙에는 뭔가 다른 친근감이 있습니다. 아마 어려서부터 봐 온 게 있어서 그런 것이 아닌가 싶습니다. 누구나 어려워하지 않습니다. 가르치는 사람도 안 어려워하고 배우는 사람도 어려워하지 않습니다.

김제에 가면 지평선중학교와 지평선고등학교가 있습니다. 원래 폐교를 인수한 뒤 수리해서 대안 중고등학교를 운영했던 곳인데, 대부분 학교가 그렇듯 풍족하지 않으니까 건물 하나 짓고 돈 생기면 또 하나 짓고 이렇게 학교를 만들어 가고 있었습니다. 저와 정기용 선생님이 아무리 사정이 그래도 전체 계획은 세워 놓고 가야 누더기가 되지 않는다고 했고, 교장 선생님께서도 그리하겠다고 하여 의기투합해 10년 걸려서 건축한 곳입니다.

처음에는 학교 시설 과장님이 별로 좋아하지 않았습니다. 교장 선생님이 의지를 다지고 흙으로 짓겠다고 하니까 할 수 없이 하기는 하는데 못 미더우셨던 겁니다. 콘크리트도 매년 수성 페인트도 칠해야 하고 손도 많이 가고 문제도 생기는데, 흙으로 하면 오죽하겠냐 싶었던 겁니다. 그런데 요즘 가면 굉장히 좋아하십니다. 10년 되었는데 페인트를 칠할 필요도 없고 그냥 그대로 놔두면 되니까요. "1년이 되어도 10년 된 듯한 옷, 10년이 되어도 1년 된 듯한 옷"이라는 옛날 광고처럼 늘 그대로이니까요.

김제 지평선 학교는 미술 선생님이 학생들 워크숍을 해 달라고 연락해 온 것이 인연의 시작이었습니다. 1박 2일 생태 건축 워크숍이었습니다. 겨울이어서 이론 교육과 찰흙으로 모형을 만드는 시간으로 진행했는데, 교장 선생님이 "겨울이어도 아이들이 좋아하니 바깥에서 뭐 하나 만들 수 없겠느냐"고 하시길래 흙다짐으로 벤치를 만들었습니다. 대신 겨울에 만든 거라 봄이 되면 표면도 갈라지고 터질 테니까 치워 달라고 부탁을 드렸습니다.

그런데 교장 선생님이 성직자여서 우리 애들이 만든 것인데 버릴 수 없다고, 직접 보수하시면서 애지중지하시는 거예요. 그러면서 남자 중학교 기숙사를 만들 건데 실내에 흙미장이라도 했으면 좋겠다고 말씀하시는 겁니다. 중학교 애들이니까 강도를 세게 설계해야 할 것 같다고 했더니, 100% 흙으로만 해서 아이들한테 보여 주고 싶다는 겁니다. 그래서 100% 흙으로 하는 것도 가능하고 안 갈라지게도 할 수 있는데 애들이 칼로 찢고 연필로 긁으면 부서진다고 했더니, 그래도 애들한테 순수한 흙을 보여 주고 싶다고 하셨습니다. 그래서 흙으로 다 했습니다. 그러고 얼마 뒤 연락이 왔습니다. 저는 속으로 '큰일 났어요. 새로 해야 돼요.' 이런 말을 듣겠구나 싶었는데, 교장 선생님이 감격에 차서 "아이들이 달라졌어요." 그러면서 애들이 자기 동생 다루듯이 아낀다는 겁니다.

그 이야기가 방송에 나갔고, 이후 각지에서 사람들이 몰려들었습니다. 관광객들이 와서 차 키를 꺼내서 긁어 보는 겁니다. 그런데 참 이상하죠. 사람들은 보통 콘크리트로 되어 있는 건물은 차 키 꺼내서 긁을 생각을 안 합니다. 그런데 흙으로 하면 꼭 뭘 해 보려고 합니다. 그래서 저는 생각합니다. 흙이 참 친숙한 재료구나. 우리가 카페 같은 데 가서 긁으면 이상한 사람 취급받지 않겠습니까? 그런데 흙은 어디나 사람들이 꼭 긁어 봅니다. 안 되면 손톱으로라도 긁습니다.

암튼 남학생 기숙사를 시작으로 여학생 기숙사도 흙미장을 하게 되고, 결국 학교를 하나씩 하나씩 바꾸게 된 것입니다. 흙건축 공법으로 여러 가지가 있는데, 지평선 학교에 가면 그 여러 가지가 들어 있어서 다 볼 수 있습니다.

최근에는 목포에 흙건축 마을이 만들어지고 있습니다. 터가 생겼고 2017년 3월에 착공해서 한 2년 걸쳐서 열 집 정도 지을 예정입니다. 지금도 흙집이 여기저기 다양하게 지어지고 있는데, 흙집들이 골짜기 깊숙이 들어가 있는 경우가 많아서 찾아가 보기가 쉽지 않았습니다. 그러나 이번 흙 마을은 목포대학교 바로 뒤에 만들어지니까 찾아가기 쉬울 겁니다.

흙건축을 하면서 기억에 남는 인연이 있다면 영암의 민혁이네 집입니다. 장마를 버틸 수 없을 것 같다고 초록우산재단에서 연락이 와 모금도 하고 함께 집도 지어 주게 되었는데, 거기 꼬맹이가 민혁이었습니다. 민혁이는 초등학교 5학년이었는데, 이 녀석이 처음에는 축구선수가 꿈이라더니 나중에는 건축가가 되고 싶다고 했습니다. 아저씨들과 형들이 하는 걸 보고 꿈이 바뀌었다는 겁니다. 민혁이 할머니는 본인 집을 짓는 거니까 무어라도 돕고 싶어 하셨습니다. 그런데 팔에 깁스하고 있었고 몸집도 작으니까 무엇을 하기가 어려우셨는지 계속 보시기만 하셨습니다. 그러다 며칠 지나서부터는 우리가 작업 도구들을 놔두면 할머니가 그걸 다 씻어서 차곡차곡 정리해 주셨습니다. 덕분에 일하기가 굉장히 편했습니다. 후에 할머니가 말씀하시길, 평생 자기는 도움만 받고 살았는데 이번에 생각한 것이 많다고, 나중에 다른 집을 지을 때 불러 달라고 하셨습니다. 자신도 남을 도울 수 있겠다는 생각이 든다고, 돕고 싶다고.

이렇게 흙에는 사람들의 마음을 움직이는 힘이 있습니다. 흙으로 만나면 가족이 됩니다.

이렇듯 흙은 우리에게 많은 것을 생각하게 하는 건축 재료인 것 같습니다. 그러한 흙으로 집을 지어 살아간다는 것은 우리가 미처 알지 못해서 지나쳤던 생각과 알고도 하지 못했던 일들에 대해서 다시금 돌아보게 해 주는 일이라는 생각이 듭니다. 이러한 흙에 대한 여러 가지 경험과 생각 들을 정리한 것이 바로 이 책입니다.

　이 책은 흙과 흙집에 대하여 생각하고, 묻고(알고), 해 보는 것으로 이루어져 있습니다. 1장은 흙과 흙집에 대한 제 '생각'을 말씀드리고, 2장은 흙과 흙집에 대한 '질문'으로 흙과 흙집에 대한 여러분의 궁금증에 관해 묻고 답합니다. 3장은 '흙집 짓기'로 실제 흙집을 지어 볼 수 있도록 사례를 보여 설명합니다.

　세상에는 흙집에 관한 많은 책이 있습니다만, 흙과 흙집은 단순한 몇몇 지식으로만 되는 것이 아니라는 생각이 듭니다. 내가 살아가는 모습에 대한 성찰로부터 앞으로 살아갈 모습에 대한 지향에 이르기까지 참으로 많은 것이 연관되어 있기 때문일 것입니다. 이 책은 흙과 흙집에 대한 여러 사실과 자료 들을 통해 흙과 흙집에 대한 편견을 걷어내고 흙집에 대한 과학적 사실과 생태적 감성을 통해 '나의 흙집 짓기'가 지구 환경을 위한 행동이 되는 것을 이해하는 길잡이가 되어 줄 것입니다. 설계부터 시공까지 내가 살 공간을 내가 만들어 가는 행복한 경험을 하는 첫 디딤이 되기를 기원합니다.

승달산 아래에서
황혜주

차례

여는 말
_____ 흙, 흙집, 흙집을 짓는 사람들　4

1장 흙과 집을 _____ 생각하다

집, 현실과 로망 사이　　　　　　18
아파트는 집이 아니다　　　　　　22
'주거'에서 '집'으로　　　　　　　27
불필요한 공간이 많아야 집이다　　31
집은 고가의 소비재다　　　　　　35
친환경 건축 재료인 '흙'　　　　　39
흙건축, 흙집, 흙이 기능하는 집　 43
흙건축의 세 가지 미덕　　　　　　47
나의 삶과 흙집　　　　　　　　　52

2장 흙집에 대해 ___ 묻다

흙건축 이해하기 58

흙집은 언제부터 지어졌나요? | 현대에 와서 흙집이 드물어진 이유는 무엇입니까? | 현재 세계 건축 흐름 속에서 흙건축은 어떤 위치인가요? | 세계적으로 유명한 흙건축물에는 어떤 것들이 있나요? | 왜 흙으로 집을 지어야 하나요? | 흙이 좋은 건 많이 알려졌는데, 왜 사람들은 흙집을 많이 짓지 않을까요? | 집이란 무엇인가요? | 주거 문화에서 흙집과 같은 주택과 아파트는 어떻게 다른가요?

흙집의 효능 67

흙이 몸에 좋은 이유가 뭔가요? | 흙집에서 누릴 수 있는 효과는 어떤 것들이 있나요? | 흙에서 정말 원적외선이 나오나요? | 흙집이 아토피에 좋다는데 정말 그런가요? | 흙집의 전자파 차단 능력은 어떤가요? | 흙에서 라돈이 나온다는 보도가 있었는데, 인체에 해롭지 않은가요? | 흙집의 방음 성능은 어떤가요? | 흙의 축열 능력은 어느 정도 되나요? | 흙집을 짓지 않고도 기존의 집에서 흙의 효과를 볼 수 있는 방법은 없나요?

흙집에 대한 오해와 진실 74

흙집은 오래가지 않는다는데 정말 그런가요? | 흙집은 계속 보수해야 한다던데요? | 흙으로 지으면 흙 색깔만 낼 수 있나요? | 한옥과 흙집은 어떻게 다른가요? | 흙집은 우리나라에만 있나요? | 흙집은 1층밖에 못 짓나요? | 흙으로 지으면 곰팡이가 생기지 않나요? | 흙집에는 벌레가 많지 않나요?

좋은 흙집을 짓기 위한 준비   81

흙집을 짓기 전에 생각해 봐야 할 조건이나 요건이 있다면 어떤 것들이 있을까요? | 가서 보고 참고할 만한 흙집이 있나요? | 흙으로 지으면 진짜 싼가요? | 건축비는 평당 얼마나 필요한가요? | 싸고 좋은 흙집을 짓는 방법은 무엇인가요? | 여럿이 함께 흙집을 지으려고 합니다. 비용을 절감할 수 있는 방법이 없을까요? | 실패하지 않는 흙집을 지으려면 어떻게 해야 하나요? | 흙집을 지을 때 유의해야 할 점은 무엇인가요?

흙집의 재료와 디자인   91

나무집과 흙집 중 어떤 집이 더 좋을까요? | 흙건축의 구조체는 어떤 것을 쓰나요? | 흙과 나무를 같이 썼을 때 생기는 문제는 없나요? | 흙과 잘 어울리는 건축 재료에는 어떤 것이 있나요? | 흙집을 100% 자연 재료만으로 지을 수 있나요? | 흙집에 접목하면 좋은 친환경 기술이나 재료에는 어떤 것들이 있나요? | 흙집도 현대적인 디자인으로 지을 수 있나요? | 콘크리트 건축물의 디자인을 흙으로 지을 수 있나요? | 흙집 중에는 통나무를 박은 집들이 많던데 그건 왜 그런가요? | 전통 건축에서 흙집에 접목하면 좋을 만한 것은 무엇인가요? | 주변과의 관계는 어떻게 풀어야 할까요?

흙집에 적합한 흙과
흙건축 재료 고르기   103

일반 흙으로 집을 지을 수 있나요? | 우리나라 흙은 집 짓기에 적당한가요? | 쓰면 안 되는 흙이 있다면요? | 일반 흙보다 더 효능 좋은 특별한 흙이라고 광고하는 흙들이 있는데 정말 더 좋은가요? | 일반 흙으로 집을 지을 때 주의해야 할 점은 무엇입니까? | 시중에 파는 흙건축 재료가 많습니다. 좋은 흙건축 재료를 선택하는 방법이 있나요? | 시중의 흙 재료들이 시멘트보다 비싸던데 왜 그런가요? | 흙벽돌과 일반 벽돌의 차이는 무엇인가요? | 중국에서 황

토석이 수입되고 있는데 똑같은 흙의 효과가 있나요? | 흙건축 재료는 구하기가 어렵다던데요? | 흙집은 불에 약하다면서요? | 진짜 황토를 고르는 방법은 무엇인가요?

균열과 강도 잡는 흙 배합법   111

균열 잡는 흙 배합법 | 흙집은 균열이 심하다는데요? | 일반 흙을 이용해서 흙집을 지을 때 균열을 잡는 흙 배합법은 무엇입니까? | 최밀충전이란 무엇입니까? | 최밀충전이 되어야 한다고 했는데, 그렇다면 이런 조건을 갖춘 흙을 따로 구할 수 있나요? | 배합을 맞출 때 유의해야 할 점은 무엇입니까? | 어떤 흙에도 적용할 수 있는 배합비가 있나요?

강도 잡는 흙 배합법 | 흙은 콘크리트보다 약하지 않나요? | 흙에 시멘트를 섞으면 강도나 내구성에 도움이 되지 않나요? | 흙에 강도를 내는 방법은 무엇인가요? | 석회는 몸에 좋지 않은 물질 아닌가요? | 아무 석회나 써도 되나요? | 석회는 얼마나 넣어야 하나요?

흙집 짓기   121

흙집을 짓는 방법에는 어떤 공법들이 있나요? | 흙집의 기초는 어떻게 하나요? | 흙집의 난방은 어떻게 하나요? | 구들을 만들고 싶은데 쉬운 방법이 없나요? | 간편구들은 어떻게 놓나요? | 방바닥은 어떻게 시공하나요? | 흙집은 천장에도 흙을 바르나요? | 흙집의 지붕은 어떻게 하나요? | 지붕 방수는 어떻게 하나요? | 흙집의 지붕에 흙을 이용하고 싶을 때는 어떻게 해야 하나요? | 흙집에 욕실은 어떻게 만드나요? | 아마인유를 포함해서 천연 방수재의 방수 능력은 어느 정도인가요? | 흙집 외부 벽체의 처리는 어떻게 하나요? | 표면 마감 처리는 매년 해야 하나요? | 흙미장을 하면 묻어나는 경우가 있는데 안 묻어나게 하는 방법이 있나요? | 마감할 때 아마인유나 천연 마감재를 발라도 흙이 숨을 쉬나요? | 말씀하신 천연 마감재는 어떤 재료로 만들어진 것인가요? | 황토 페인트에도 색깔이 여러 가지가 있나요? | 흙집에 필요한 관리법이 따로 있나요?

흙집의 단열　　　　　　　　136

흙집의 단열은 어떻게 하나요? | 흙집도 패시브 하우스가 가능한가요? | 흙집으로 단열 기준을 맞출 수 있나요? | 흙집의 단열을 위한 구체적인 공법은 무엇인가요? | 단열흙다짐을 하는 방법과 성능은 어떤가요? | 단열흙블록은 어떻게 만들고 성능은 어느 정도인가요? | 이중쌓기 공법은 무엇인가요? | 단열을 위한 이중심벽은 어떻게 만드나요? | 흙집의 단열층은 어디에 하는 것이 좋은가요?

흙집, 혼자서 지을까?
맡겨서 지을까?　　　　　　145

혼자 짓기 | 흙집은 혼자서 지을 수 있다던데요? | 흙집을 혼자 지으려면 얼마나 배워야 하나요? | 여러 공법 중에서 혼자 짓기 좋은 공법은 무엇인가요? | 흙벽돌을 직접 만들 수 있나요? | 흙벽돌에도 색을 낼 수 있나요? | 흙집 짓는 것을 배우려면 어디로 가야 하나요?

맡겨 짓기 | 제대로 된 흙집 전문가를 만나기가 쉽지 않다던데요? | 흙집을 지어 주는 건축사나 전문 시공사가 있나요? | 흙집을 잘 지어 주는 곳의 기준이 있나요?

흙찜질방 만들기　　　　　153

찜질방을 만들 때 주의사항은 무엇인가요? | 찜질방의 규모는 얼마가 적당할까요? | 흙으로 찜질방을 만들려고 하는데 조건이 따로 있나요? | 가장 적합한 흙찜질방 시스템과 모양은 어떤 건가요?

3장 흙집 짓기를 ___ 배우다

- 그림으로 배우는 흙집 짓기   160
- 사진으로 배우는 흙집 짓기   185
  - 단열흙블록 이중쌓기를 이용한 흙집 짓기   186
  - 단열흙다짐을 이용한 흙집 짓기   212
  - 단열흙다짐과 단열흙블록을 이용한 흙집 짓기   230

1장

흙과
집을

생각하다

살아 있는 동물들은 대부분 '집'을 짓습니다. 그래서 어찌 보면 집을 짓는다는 것은 너무도 단순한 일일지도 모릅니다. 하지만 '건축'이라는 단어를 만나면 조금 복잡해지는 느낌을 갖게 됩니다. 무언가 우리가 잘 모르는 어떤 것이 있을 것 같은 그런 느낌 말이죠. 그렇다면 집과 건축은 뭐가 다를까요? 집은 쉬운데 건축은 어려운 별개의 것일까요?

'흙'이라고 하면 사람들은 고향을 떠올립니다. '어머니'나 '생명' 같은 단어를 함께 떠올리기도 합니다. 따뜻한 느낌이 함께 전해지는 단어입니다. 그런데 이렇게 흙을 싫어하는 사람이 드문데도 정작 흙으로 집을 지으려는 사람은 적습니다. 일종의 '노스탤지어 패러독스' 같은 것이 아닌가 생각합니다. 사람들은 흔히 '고향'이라고 하면 따뜻하고 정겹고 돌아가고 싶은 곳이라 여깁니다. 하지만 막상 찾아간 고향의 현실은 가난하고 더럽고 도시에 비해 뒤떨어진 낡은 곳입니다. 이런 감성과 현실 사이의 괴리감이 흙에도 있지 않은가 생각합니다. 흙이 주는 느낌은 좋지만 흙집은 낡고 불편하다는 생각이 그것입니다. 과연 그럴까요? 흙과 흙집은 전혀 다른 것일까요?

그래서 이번 장에서는 집과 건축 그리고 흙집에 대한 전체적인 이야기를 하려 합니다. 우리가 가장 많이 보고 접하는 아파트에 대한 생각에서부터 출발하여 집에 대한 생각을 거쳐 흙집에 대한 생각으로 갈 것입니다. 이 과정에서 아파트로 대표되는 현재의 주거 문화는 어떠한 것인지, 우리가 집을 짓는다는 것은 어떤 의미인지 살펴보려 합니다. 이것은 아파트, 주거, 집, 집의 조건, 흙집과 우리의 삶 같은 여러 개념을 같이 살펴보는 과정이 될 것입니다.

집, 현실과 로망 사이

'집'이라고 하면 막연히 낭만적으로 생각하는 분들이 많습니다. 여기서 집의 형태는 아파트가 아닌 주택입니다. "저 푸른 초원 위에 그림 같은 집을 짓고 사랑하는 우리 님과 한 백 년 살고 싶다"는 노래가 한 예입니다. 이렇게 70년대 대중가요에는 집과 관련된 것이 많았습니다. 남진 씨가 불렀던 노래가 있고, 조영남 씨가 불렀던 "언덕 위에 예쁜 집 짓고 우리 같이 행복하자던~" 같은 노래도 있었습니다.

이것은 70년대에 산업 개발로 도시화하는 과정에서 집에 대한 요구가 엄청나게 많아졌다는 증거이기도 합니다. 당시 많은 사람들이 지방에 살다 돈을 벌기 위해 서울로 상경했는데, 사실 지방에서 살았다는 것은 주택에서 태어나고 자랐다는 것을 의미합니다. 시골에서 넓은 마당에 개들이 뛰어놀던 집에 살다가 서울에 오니 내 몸 하나 누일 곳이 없는 각박한 상황에 던져지게 된 것입니다. 북한산 같은 데 올라가면 '아, 이 많은 집 중에 내 집 하나 없는가?' 이런 생각이 들던 때입니다. 그러니까 당연히 집에 대해 굉장히 강렬한 로망이 생기는 겁니다. 가질 수 없기 때문에 예전보다 더 강력하게 집을 가지고 싶어 하게 되는 겁니다.

저는 어린 시절 강릉의 한옥에서 살았습니다. 태어나서부터 할아버지, 아버지, 어머니가 살던 곳입니다. 그러다 대학 다닐 때 처음 서울에 올라와서 기숙사에 살게 된 겁니다. 사실 그때는 너무 좋았습니다. 부모님을 떠나서 처음으로 자유로웠으니까요. 하지만 기숙사라는 공간은 방만 있는 겁니다. 집은 여러 가지 요소로 구성되어 있는데, 기숙사는 방만 있는 것이고, 이것이 조금 확대된 것이 아파트입니다. 그러다 보니 집에 대해서 그리움이 많아진 겁니다. 혹자는 사람들이 주말에 길이 막히는데도 외곽으로 나가는 이유가 집에 대한 그리움 때문이라고 말합니다. 외곽으로 나가서 하는 일은 친구네 가족 만나서 어른들은 고기 구우면서 소주 마시고 아이들은 뛰어노는 겁니다. 그래서 한때 고깃집은 전부 '가든'이라는 이름이 붙었습니다. 아마도 마당 같은 곳에 있고 싶었던 로망이 그렇게 표현된 것이 아닐까 생각합니다. 이것이 집에 대한 로망일 것입니다.

그러나 집을 지을 때 가장 중요한 요건이 무엇이냐고 묻는다면 현실적으로는 '돈'입니다. 땅을 사고 그 땅에 건물을 지으려면 벽돌이나 철근 같은 물리적인 재료들이 필요하고 결국 그걸 사려면 돈이 있어야 하기 때문입니다. 로망과 현실이 맞닥뜨리는 부분입니다. 그래서 집을 지으려면 둘 중 하나는 있어야 합니다. 돈이든지 시간이든지.

이는 돈이 있으면 돈을 들이는 것이고 돈이 없으면 자기가 시간을 많이 들여서 좋은 집을 지을 수 있다는 것을 말합니다. 그래서 저는 한국 흙건축학교에 흙집 짓는 것을 배우러 오시는 나이 많으신 분들께 20년간 집을 지으시라고 말합니다. 65세쯤 되셨는데 30평짜리 집을 지으려고 생각하신다면, 15평짜리 하나 지어 놓고 사시면서 조금씩 조금씩 더해 가라는 겁니다. 왜냐면 집을 짓는 과정 자체가 굉장히 재밌을 수 있기 때문입니다.

물론 현대 사회에서 시간이 중요한 사람들은 돈을 들여서 빨리 지을 수 있습니다. 이렇게 지으면 30평짜리 집 한 채 짓는데 한 달? 아니면 두 달? 얼마든지 지을 수 있습니다. 대신 그만큼 투입을 많이 해야 합니다. 그런데 정년퇴임하고 시골에서 내가 살 집을 짓겠다고 생각하시는 경우에는 그렇게 돈 많이 들여서 빨리 지을 필요가 없습니다. 그러니 시간을 들여서 찬찬히 지으라는 겁니다. 예를 들어 벽돌도 사지 말고 한 장씩 찍으라는 겁니다. 한 장씩 찍어서 한 장씩 쌓으라는 겁니다. 얼마든지 가능한 일입니다.

이렇게 얘기하는 또 한 가지 이유는 한국흙건축학교에서 가르치다 보니 사람에게는 건축 본능이 있다는 생각을 하게 되었기 때문입니다. 애기들이 막 뭔가를 만들려고 하는 것처럼 어른들도 뭘 되게 짓고 싶어 합니다. 한국흙건축학교에는 연세 들어서 오시는 분들이 많으신데, 70세, 80세 된 분들께 그 연세에 이거 배우셔서 어디다 쓰려고 그러시나 여쭤보고 싶어집니다. 그런데 어느 날 그분들이 이런 말씀을 하셨습니다. "황 교수, 나는 말이에요. 그냥 이렇게 와서 배우고 짓고 하는 이 자체로 너무 좋습니다." 그래서 아, 그냥 그 자체로 좋을 수 있구나, 배우는 것은 그 자체로 좋다는 것을 책으로만 배웠는데 진짜 그런 분들이 계시는구나 하는 것을 깨달았습니다.

저 역시 제가 제집을 지어 보니까 본채를 짓고 나서 밖에 데크나 벤치나 이런 것들을 막 만들었습니다. 건축과 교수니까 학교에서 가르쳐 준다고 생각하는데 전혀 아닙니다. 한번도 배운 적 없지만 저도 제가 직접 뚝딱뚝딱 뭔가를 만듭니다. 내 집에 더 만들 게 없으면 옆집에 가서 "데크 하나 만들어야 하지 않아?" 그러면서 같이 데크를 만듭니다. 벤치도 만들고 탁자도 만듭니다. 다 만들고 나면 또 다른 옆집에 가서 "집 지어야 하지 않아?" 이럽니다.

사람에게는 이렇게 뭔가 짓고 싶은 본능이 있는 것 같습니다. 그러니

집에 대한 로망을 현실에서 구현할 때는 돈이든 시간이든 하나를 들이면 됩니다.

우리가 가지고 있는 집에 대한 기억과 그리움이 우리가 집에 대해 가진 로망이라면, 현실에서 우리가 집을 지을 때 있어야 할 요소는 시간과 돈, 둘 중 하나입니다. 집을 짓는다는 것은 이 둘 사이의 간극을 메우는 과정입니다.

아파트는 집이 아니다

집의 첫 번째 기능은 먹고 자고 씻는 것입니다. 이것이 일차적인 기능이고, 이것을 원활하게 해 주는 데 필요한 최소한의 요소가 방, 주방, 욕실입니다. 이에 비교해 마루나 마당은 이차적인 요소라고 할 수 있습니다. 우리 조상들이 지었던 집을 보면 일차적인 기능 못지않게 이차적인 기능을 중요시했습니다. 대청/마루, 넓은 마당 등이 그것입니다. 넓이나 공간 활용도를 보면 우리 조상들은 일차적인 기능보다 이차적인 기능을 더 중요하게 여겼다는 것을 알 수 있습니다.

그러나 이런 이차적인 기능들은 아파트에서는 찾기 어렵습니다. 아파트는 일차적인 기능에 충실하게 최적화되어 있는 집입니다. 그래서 아파트에 살면 편하지만 뭔지 모르게 아쉽고 불만족스러운 것이 생기게 되는 것이죠. 부족한 그 무엇인가를 찾기 위해 우리는 전원주택이나 단독주택을 짓고 싶다는 로망을 가지게 된다고 생각합니다. 집의 이차적 기능에 대한 갈망이 남아 있는 것입니다.

르코르뷔지에가 아파트를 만든 이래, 아파트는 집의 가장 핵심적인 요소들만 모아 놓은 집으로 기능해 왔습니다. 방만 있는 기숙사에서 그 방이 몇 개 더 만들어진 것이 아파트입니다. 그런데 사실 집은 누가 얘기했던 것처럼 쓸모없는 공간이 있어야 삶이 윤택해집니다. 우리가 시골에서 집이라고 하면 내 방이 있고, 부모님 방이 있고, 할아버지와 할머니 방이 있고, 부엌이 있고, 마당이 있고, 마당 바깥에 골목길인 고샅길도 있고……, 이런 공간들이 죽 펼쳐져 있습니다. 이런 공간을 통틀어서 집이라고 하는 겁니다. 그러니까 "영철이 어디 있니?", "집에 있어"라고 할 때, 그 집이라는 것은 아파트면 실내를 얘기하겠지만, 주택에서는 다릅니다. "영철이 집에 있을 거야." 할 때 가 보면 사실은 집이 아니고 집 근처 어디서 비석치기 하고 놀고 있는 겁니다. 이렇게 우리가 경험한 집은 그 경계와 효용의 한계가 모호하고 확장되어 있었습니다.

그런데 현대화되고 도시화하면서 집에 대한 아주 핵심적인 기능들만 누리고 살다 보니까 집에 대한 로망이 점점 더 커지는 것입니다. 처음 서울에 왔을 때 집의 최소 기능도 없는 '방'에 살다가 조금 돈을 벌면 아파트로 갑니다. 집의 기능과 요소를 다 갖춘 곳으로 가는 것인데, 그런데도 늘 허전합니다. 그러다 보니까 사람들은 '빨리 내가 진짜 집을 가져야지'라는 로망을 가지게 되고, 30평짜리 아파트 살면서도 40평, 50평 늘려 가는 꿈을 꿉니다. 이것은 아파트가 재산 형성 수단도 되지만 그 이면에는 집에 대해 다 차지 않는 무언가가 있다는 겁니다. 그러니까 사람들이 40평, 50평 늘리면 뭔가 채워질 것 같은 기대를 하는 겁니다. 하지만 평수를 늘린다고 이 허전함이 채워지지는 않습니다. 우리가 살고 있는 아파트가 우리가 '집'에 대해 기대하는 기능을 다 채워 주지 못하는 부분들이 있기 때문입니다.

사실 외국 학자들에게 한국 사람들이 아파트에 사는 모습은 미스터리입니다. 한국처럼 경제 규모가 큰 나라에서 왜 아파트에 사느냐는 겁니다. 외국 학자들에게 강남 아파트를 보여 주며 우리나라에서 제일 비싼 아파트라고 하면 '이상한데?' 합니다. 한 독일 학자는 동독의 수용소인 줄 알았다고 말하기도 했습니다. 서독에는 아파트가 거의 없고 동독은 사회주의 국가였으니까 서민들을 수용하기 위한 아파트들이 있었기 때문입니다. 유럽에서는 경제적으로 어려운 사람들이 할 수 없이 아파트에 사는 경우가 많습니다. 아파트라는 것이 집의 최소한 기능만 갖도록 짜 놓은 주거 형태이기 때문입니다. 그러니까 당연히 대부분 아파트에 살고 있는 우리나라 사람들이 그만큼 집에 대한 로망이 클 수밖에 없다고 봅니다.

물론 아파트는 편합니다. 그래서 사람들이 뭘 만드느냐 하면 별장을 만듭니다. 집의 기능을 보충해 줄 수 있는 공간을 만드는 것입니다. 별장이 없는 사람들은 주말에 펜션이든 별장이든 외곽으로 나가서 놀다 들어옵니다. 더 없는 사람들은 책을 보면서 꿈을 꿉니다. '아, 나 이런 데 살고 싶어'라고. 남자들의 장난감이 자동차라고 말합니다. 인터넷에서 람보르기니 같은 자동차를 찾아보면서 '아, 멋있다'라고 하지만 평생 가도 그 차를 타 볼 수 없을지도 모릅니다. 그런 차를 보면서 꿈을 꾸듯이 집도 아마 그렇게 되어 가는 것 같습니다. 그래도 최근에는 귀촌이나 귀농을 위해 꿈꾸던 집을 찾아 도시 밖으로 나가는 분들도 꽤 계십니다. 그래서 어떤 사람들은 멀지 않은 장래에 아파트에 대한 선호도가 떨어질 것이라고 얘기하기도 합니다. 하지만 저는 아파트가 만 가지 악의 근원인 것처럼 얘기하는 것도 바람직하지 않다고 생각합니다.

사실 우리나라 아파트는 서양의 아파트와는 굉장히 다르게 한국적인 아파트로 진화해 왔습니다. 우리 한옥의 기본적인 요소와 특징 들을 굉장히 잘 반영해 왔다는 것입니다. 우리나라의 아파트는 모양만 박스로 옮겼지 거의 한옥입니다. 한국 사람의 정서, 습관, 생활에 가장 최적화되어 있습니다. 그래서 사실은 아파트를 벗어나는 것이 굉장히 두렵기도 합니다. '이렇게 좋은데?' 싶은 것입니다. 저희 부모님도 평생 한옥에 사시다가 연세가 드셔서 아파트로 모셨는데 아버지는 답답하다고 불만이 많으셨습니다. 그런데 어머니는 너무 좋아하셨습니다. 비가 와도 걱정이 없고 바람이 불어도 눈보라가 쳐도 걱정이 없다는 겁니다. 어머니는 "내가 아무것도 안 하고 가만히 있어도 집이 돌아간다"고 표현하셨습니다. 한옥에서는 겨울 전에 장작도 해 놔야 하고, 추우면 장작 더 때야 하고, 너무 추우면 마당 수도도 꽁꽁 싸매야 하고……, 뭔가 사람 손이 자꾸 가야 하는데 아파트는 손 놓고 있어도 집이 돌아가기 때문입니다. 단점이 있다면 바닥이 절절 끓는 게 없다는 것 정도였습니다.

이처럼 아파트는 집의 핵심적인 기능을 아주 편리하게 극대화해 놓은 주거 양식이기 때문에 여기서 벗어나기란 쉽지 않습니다. 그렇지만 저는 나이 든 부모님을 모실 때는 아파트 말고 단독주택으로 모시라고 말합니다. 조그마한 주택이라도 가면 소일거리가 생기기 때문입니다. 어른들은 손바닥만 한 마당이라도 있으면 조그맣게 텃밭이라도 가꿉니다. 아궁이나 벽난로가 있으면 장작 땔감도 준비합니다. 뭔가에 몸을 계속 움직이게 되는 겁니다. 어르신들이 이렇게 소소하게 움직이면 건강에 좋습니다. 실제로 이렇게 모시는 친구들 얘기를 들어 보면 부모님 건강도 좋아지고 여러 가지로 좋다고 얘기합니다. 그래서 저는 아파트를 '집'이라는 표현보다는 '주거'라는 단어로 표현합니다. 아파트는 최소한의 주거이지 집은 아니라는 겁니다. 왜냐? 집은 여러 가지 요소들이 다 있어야 집이기 때문입니다.

아파트는 일차적인 주거 기능에 최적화된 집입니다. 그래서 편하지만 아쉽습니다. 이 부족함을 채우기 위한 로망이 전원주택이나 단독주택입니다. 대청/마루나 마당과 같은 집의 이차적 기능에 대한 갈망입니다. '집'은 이런 여러 가지 요소들이 다 있어야 비로소 '집'입니다.

'주거'에서 '집'으로

의식주를 해결하는 가장 기본적인 최소한의 공간, 생존을 위한 공간, 즉 생존을 위한 최소한의 요건을 갖춘 공간을 '주거'라고 할 때, '집'은 생존뿐만 아니라 생활을 가능하게 하고 다양한 활동을 보장하는 주거의 최대 요건을 갖춘 공간이라고 할 수 있습니다. 따라서 주거에서 집으로 간다는 것은 주거의 최소 요건을 갖춘 아파트에서 다양한 활동이 가능한 공간을 포함하는 주택으로의 전환을 말합니다. 이것을 비로소 집다운 집이라고 할 수 있을 것입니다.

그럼, 집다운 집에 살려면 어떤 것이 필요할까? 아파트에 안 살 수 있는 환경이 되어야 합니다. 아니, 서울에서 도대체 아파트 없이 어디서 어떻게 땅을 구해서 집을 짓는단 말인가? 지금 지방에는 땅이 남아 돌아갑니다. 이 말은 아파트가 없어도 되는 사회경제적 시스템, 즉 사회구조가 만들어져야 한다는 것입니다.

예전에 우리는 산업경제 때문에 도시에 모였습니다. 영국의 경우 산업혁명 직후의 주거 면적을 보면 8인 가족이 10평도 안 되는 곳에 살았다고 합니다. 그래서 2층 침대도 나왔습니다. 이렇게 살아서도 안 되니까 건물이 고층화된 것입니다. 그리고 사람이 모여야만 공장이 돌아가고 건물이 만들어졌습니다. 하지만 이제는 달라지고 있습니다. 재택근무도 생기기 시작했고 공장에 가도 사람이 없습니다. 컴퓨터가 제어하고 자동화 기계가 돌아갑니다. 그래서 앞으로는 인구가 분산되는 시대가 오게 될 것으로 생각합니다. 그러면 자기 평생 벌어서 아파트 하나를 장만하는 삶이 아닐 수 있지 않을까 기대합니다. 누구나 집을 짓게 되면, 돈이 있는 사람은 돈을 들여서 집을 짓고 돈이 없는 사람은 시간을 들여서 집을 지으면 되니까요.

저도 자식을 키우지만 요즘 세대가 부모 세대보다 소득이 줄어드는 첫 세대가 될 거라고 합니다. 우리 세대까지는 집이 어려워도 열심히 하면 잘살 수 있었습니다. 그런데 우리 아들딸 세대는 40대, 50대가 되면 지금보다 더 못살 가능성이 크다고 합니다. 사회경제적으로 여러 가지가 분산되지 않아서입니다. 우리는 지금도 공부 잘하고 똑똑하면 서울로 가야 한다고 생각하지만, 지금까지 제가 다녀본 유럽의 선진국들은 학생들이나 교수들이나 그런 생각을 하지 않습니다. 예를 들면, 프랑스 리옹 옆의 작은 도시에 흙건축으로 굉장히 유명한 그르노블 대학이 있습니다. 그곳의 교수들을 만나서 얘기해 보면, 한국 학생들이 이상하다는 겁니다. 여기 와서 1~2년 자리 잡고 공부할 만하면 파리로 간다는 것입니다. 파리는 집값도 비싼데 왜 그런지 모르겠다고 말합니다. 독일도 마찬가지입니다. 독일은 맥주가 유명하지만 전국에서 파는 맥주가 없습니다. 지역마다 맥주가 다 있습니다.

집중해서 산다는 것은 근대 산업사회의 유산입니다. 농업 국가에서 공업 국가가 됐을 때 집적을 하기 위해 생겨난 구조입니다. 하지만 이제는 IT 혁명 일어났습니다. 언제 어디서나 다 될 수 있는 시스템이 갖춰졌으니 굳이 이렇게 모여서 살아야 할 이유가 없습니다. 그러니 이제 흩어져서 살아야 합니다. 그런 측면에서 '아파트'가 아닌 '집'이 필요해진

시대입니다.

앞으로는 우리 사회경제 시스템도 바뀌어 갈 것이고 또 이렇게 바뀌어야 합니다. 그리고 우리 의식도 바뀌어야 합니다. 그런 측면에서 이제 아파트라는 집의 핵심 요소만 따 온 주거에서 앞으로는 집으로 가는 시대가 될 것으로 생각합니다. 그래서 우리 학생들에게 항상 "너희가 내 나이쯤 되면 너희는 집에서 살 것이다"라고 얘기합니다.

결국 이런 변화를 선택하기 위해 전제되어야 할 것은 사고의 전환입니다. 어디에서 어떤 방식으로 어떻게 살 것인가 하는 것에 대한 깊은 성찰과 이를 기반으로 나온 새로운 기준에 따른 선택이 필요한 것입니다. 다시 말하지만 아파트는 도시에 최적화되어 있는 주거 형태입니다. 아파트는 싼 가격과 편리한 생활에 최적화된 도시형 공간인 만큼 이 공간에서 무엇인가를 더 원하는 것은 과욕입니다. 그 때문에 더 많은 것을 원한다면 이에 응당한 대가와 변화를 수반하는 선택이 필요할 수밖에 없습니다.

아파트는 급격한 도시화에 걸맞은, 효율만을 강조했던 시대에 적합했던 공간으로 이를 위해 수많은 연구와 노력이 투영된 결과물입니다. 문제는 이런 도시화에 어울리는 주택에 대한 고민이나 연구가 상대적으로 부족했다는 것입니다. 지금이 바로 걸음을 멈추고 우리의 주거 문화에 대해 되돌아봐야 할 시점이라는 것입니다. 그렇기 때문에 단순히 아파트냐 주택이냐를 비교 선택하는 것은 의미가 없습니다. 아파트와 주택이라는 두 가지의 표상 이면에 담겨 있는 서로 다른 철학을 생각해 봐야 합니다. 진짜 주거에 필요한 것이 무엇인가 하는 고민과 통찰이 필요하다는 것입니다. 집을 얘기할 때 집 짓는 기술이나 방식만 생각하기 쉬운데 이에 따른 삶의 방식과 문화 등에 대해 생각해 봐야 합니다.

사실 아파트에 대해서는 이미 이런 노력이 시작되었습니다. 주거만 있던 곳에서 공동 마당, 공동 공간 등을 생각하면서 변화를 시작한 것입니다. 반면 우리는 아직 주택에 대한 고민이 짧습니다. 그래서 아파트에 대해 가지고 있는 생각으로 주택을 지으려고 하는 우를 범합니다. 아파트를 주택으로 옮겨 놓는 것이 바로 그것입니다. 이것은 집다운 집이라고 할 수 없습니다.

흙건축은 이러한 집다운 집을 만드는 새로운 시도입니다. 서양에서 그리스·로마 시대의 문화를 토대로 중세 암흑기를 극복하는 르네상스가 시작되었듯이 우리 역시 우리의 전통적인 삶의 양식을 담은 흙건축의 전통을 현대에 재해석함으로써 아파트 문화를 극복하는 이 시대의 새로운 건축 양식을 만들어 가는 것입니다. 여기에서부터 삶과 건축을 바라보는 우리의 시각과 지향을 바꾸는 첫걸음이 시작될 것입니다. 이것이 주거로부터 집으로의 진화를 가능하게 하는 전제입니다.

> 지금 우리는 우리의 주거 문화에 대해 되돌아봐야 합니다. 급격한 도시화 시대에 최적화된 것이 아파트입니다. 아파트를 주택으로 그대로 옮겨 놓는 것은 의미가 없습니다. 이는 삶의 방식, 문화 등에 대해 먼저 생각해 봐야 한다는 것입니다. 흙건축은 이러한 집다운 집을 만드는 새로운 시도입니다.

불필요한 공간이 많아야 집이다

전 세계 건축 용어 중에 한국말로 된 것이 두 개 있습니다. 하나가 '마당'이고, 또 하나가 '온돌'입니다. 이는 마당과 온돌이 다른 나라에 없는 것이라는 뜻이기도 합니다. 그렇다면 마당이 정원이나 파티오patio와 무엇이 달라서 고유명사로 통하는 것일까요? 마당과 정원의 차이를 물어보면 많은 사람들이 뭔지 몰라도 좀 다른 것 같다고 말합니다. 실제로도 둘은 다릅니다.

정원의 최고봉은 일본이라고 많이 얘기합니다. 일본은 정원이라고 하는 곳에 우주를 담으려고 했습니다. 아주 고운 자갈을 깔고, 바윗덩어리 하나 갖다 놓고, 작은 분재 갖다 놓고……, 들어가서 생활하는 것이 아니라 보는 곳입니다. 그래서 경치를 만든다는 뜻을 지닌 '조경'이라는 말이 나온 겁니다. 우리나라 원래 말은 조경이 아닙니다. '차경'입니다. 조경은 이건 우주고, 저건 해고, 저건 달이고, 저건 산이고……, 하면서 경치를 만들어서 놓는 것입니다. 일본의 경우 뒷마당은 이렇게 조경을 하고 앞마당에는 자갈 같은 것을 쫙 깔아 놓습니다. 누가 올 때 자각자각 소리가 나도록. 일본은 칼의 문화라 누가 칼을 들고 들어올지 모릅니다. 그래서 자각자각 소리가 나면 '아, 이거 나쁜 놈이 오는구나.' 하고 생각하는 거죠. 서양에서는 백야드backyard라는 말을 많이 씁니다. 건물이 있으면 앞에 길이나 공용 공간이 있고, 길가에 있는 문을 통해서 들어오면 건물 뒤쪽에 백야드가 있습니다. "내 뒷마당에는 그런 거 놓고 싶지 않아Not In My BackYard"라는 말을 줄인 '님비NIMBY'라는 말도 있습니다. 이때 백야드라고 하는 말은 우리의 마당하고는 상당히 다른 느낌입니다.

정원과 마당이 다른 점은 정원은 그 자체로 건물과 별도로 완결성을 가지는 구조인 데 반해 마당은 딱히 한 가지로 정의할 수 없다는 데 있습니다. 우리 마당에서 이루어지는 활동들을 생각해 보면 알 수 있습니다. 예전에는 마당에서 혼례도 하고, 장례도 치르고, 고추도 널어 말리고, 애들은 구슬치기나 비석치기를 하며 놀았습니다. 굉장히 많은 것들이 일어나는 공간인 것입니다. 또 우리나라 집들은 '채'라는 개념으로 되어 있습니다. 안채, 사랑채, 이런 식인데 마당이 이것들을 이어 주는 복도 역할을 합니다. 우리 식으로 편하게 하면 지붕 없는 거실 정도 되는 셈입니다. 이러한 것들에 주목해서 외국에서도 가든이나 파티오와는 다르게 마당을 따로 얘기하는 겁니다.

그런데 이 마당이라고 하는 중요한 것이 아파트에는 빠져 있습니다. 아파트는 원래 출발 자체가 서양에서 들어온 것이기 때문에 집의 가장 중요한 기능—먹고 자고 씻고—만 하는 공간으로 구성되어 있습니다. 그런데 우리는 마당이 없으면 아무것도 못 하는 구조였습니다. 한옥에서는 밖에 나와서 뭐 하는 것이 일상입니다. 그래서 비 오는 날 활동에 제약이 많았습니다. 비 오는 날은 부침개 구워 먹고 집 밖에 잘 안 나가는 겁니다. 왜냐하면 마당이 모든 활동의 중심이기 때문입니다. 심지어 화장실도 마당을 통해서 가야 합니다. 그러니까 마당이 없으면 안 되는 구조였는데, 아파트에서는 마당이 없습니다.

그러다가 아파트들이 계속 발전하면서 요즘 우리나라 아파트의 중심은 거실이 되었습니다. 이 거실이 예전의 대청과 마당의 중간적인 형태를 띠고 있습니다. 전 세계 아파트 중에 거실이 이렇게 큰 아파트는 별로 없습니다. 그러니까 아파트 평면 자체가 한옥의 평면 모양과 굉장히 많이 닮았다는 겁니다. 아파트가 한옥을 벤치마킹해서 따라왔기 때문입니다. 마당과 방들이 있었던 구조에서 거실과 방들이 있는 구조로 발전해 온 겁니다. 이것이 우리나라의 아파트가 굉장히 한국적인 정서를 많이 따라갔다는 이유 중 하나입니다.

마당의 예에서 보듯이 집은 불필요한 공간이 있어야 풍성해집니다. 아파트는 굉장히 효율적으로 짜여 있어서 더는 쓸모없는 공간이 없게 만들어 놓은 구조입니다. 하지만 우리 전통 건축의 경우는 불필요해 보이지만 집을 더 풍성하게 만들어 주는 공간들이 있습니다. 제가 어렸을 때는 나만의 보석함을 숨겨 두는 장소가 있었습니다. 아파트는 이런 것을 할 데가 없습니다. 이런 측면에서 아파트는 사람들에게 굉장히 효율적인 공간을 제시하고, 사람들은 거기에서 풍요를 누리지만, 한편으로는 향수 같은 것도 생겨납니다. 없는 공간에 대한 향수입니다. 그래서 앞으로는 우리나라도 결국 유럽 선진국들처럼 주택 문화로 가지 않을까, 불필요해 보이는 공간이 넉넉함을 더하는 집 문화로 가지 않을까 생각합니다.

우리 전통 건축에서는 안채와 사랑채를 마당이 이어 주는데, 이는 아파트에는 없는 공간입니다. 우리 조상들은 마당에서 다양한 활동을 해 왔습니다. 이처럼

불필요할 것 같은 공간이 있어야 집이
더 풍성해집니다.

흙과 집을 생각하다

집은 고가의 소비재다

요즘 사람들은 세련된 첨단 재료를 선호합니다. 자본주의 사회의 기업들 역시 사람들 눈에 좋아 보이는 것을 만들려고 합니다. 물론 품질이 좋을 수도 있습니다. 하지만 스티브 잡스가 '계획적 폐기'라는 말을 했듯이, 일정한 시간 동안 쓰면 망가지게끔 설계를 하기도 합니다. 휴대폰도 2년 쓰면 기능이 떨어지기 시작하는데, 고치기보다 새로 사는 걸 선호합니다. 자본주의 초기에는 공간 차에 의해서 돈을 벌었습니다. 개성 상인들이 그 예입니다. 이곳의 것을 저곳에 파는 겁니다. 하지만 자본주의가 고도화되면 시간 차에 의해서 돈을 법니다. 요즘은 옷이 해져서 바꾸지 않습니다. 유행 따라 구매를 합니다. 자동차도 고장 나서 바꾸기보다 유행에 따라 바꿉니다. 니체가 유행에 뒤처지는 바보가 되지 말고 유행을 따라가는 바보가 되라고 했는데, 결국 유행을 따라갈 수밖에 없다는 뜻일 겁니다. 포스트모던이라는 개념이 있습니다. 새로운 것이 만들어져도 바로 이미 지난 것이 되는 것입니다. 건축에서도 마찬가지입니다.

집은 인간이 생존을 위해 소비하는 의식주 중 가장 고가의 소비재입니다. 옷 하나를 고를 때도 자신의 취향과 패턴에 따라 고민하면서 선택합니다. 그런데 막상 의식주 중에서 가장 고가인 집은 자신의 취향이나 삶의 방식과는 무관하게 선택합니다. 돈이 많아서가 아니라, 집을 소비한다고 생각하지 않아서입니다. 급격한 산업화 과정에서 집을 소비재가 아닌 재화로 여기게 되었기 때문입니다. 유럽에서는 집을 돈을 버는 도구로 생각하기보다 자신에게 맞는 공간으로 행복을 만드는 공간으로 봅니다. 그 때문에 집을 고를 때 자기 삶의 방식과 형태에 따라 선택합니다. 집을 소비재라고 하면 당황스러울 수 있지만 '자신에게 맞는 공간을 선택한다'는 의미에서 이제는 집도 소비재로서의 위상을 찾을 때가 되었다고 생각합니다. 그래야 이 집이 낭비인지 알뜰하게 지어진 집인지 적절한 공간인지 알 수 있고 적절한 소비재로 판단할 수 있기 때문입니다. 지금 당장은 보기에 좋은 집이 우선이라 건축 재료도 이를 기준으로 선택됩니다. 과시욕이 깔린 보여 주기 식 건물들이 지어지는 이유입니다. 하지만 실제로 건물에 들어가면 무엇으로 지어진 집인지 알 수가 없습니다. 보기에만 그럴싸한 각종 인테리어 재료로 둘러싸여 있기 때문입니다. 누구를 위한 소비인지 모르는 소비인 셈입니다.

이런 흐름에 반대되는 개념이 친환경 건축, 생태 건축, 지속 가능한 건축입니다. 새로운 무언가를 끊임없이 만들기 위해서는 재료가 필요한데, 그 재료는 자연에서 나옵니다. 그러니 계속 환경은 파괴될 수밖에 없습니다. 여기에 문제의식을 느끼고 반하여 나온 개념이 생태 건축 등입니다. 집도 마찬가지입니다. 새로 지은 아파트 단지에 입주할 때 보면 새 인테리어를 싹 뜯어내고 다시 인테리어를 하는 사람들이 적지 않습니다. 자원이 계속 들어가는 것입니다. 그걸 보면 집마저도 이러면 어떡하지 하는 생각이 듭니다. 지구도 너무 파헤치면 안 됩니다. 우리도 살아야 하지만 후손도 살아야 하고 그러니 지구 자원을 적게 소비해야 합니다. 때문에 흙건축을 포함한 많은 생태 건축가들은 재료의 솔직성을 이야기합니다. 재료의 솔직성이란 집을 이루는 재료들이 가능한 한 그대로 드러나는 것을 얘기합니다. 그럴싸해 보이기 위해 재료를 가공하거나 그를 위해 덧붙이는 것을 되도록 줄여서 재료의 불필요한 소비를 최대한 억제하는 것입니다. 소비에도 철학이 필요한 시점입니다.

제가 좋아하는 여배우가 모피 코트를 안 입으려고 애를 쓴다는 얘기를 했습니다. 환경운동을 잘 모르지만, 모피 안 입기 운동을 해야 하겠다고 다짐한 뒤 가지고 있는 모피들을 다 처분했다는 것입니다. 사회, 경제, 환경과 모피에 얽혀 있는 문제를 알았기 때문이라고 합니다. 그런데 새로운 모피가 나오면 그 앞에서 한참을 쳐다보며 생각한답니다. 너무 예쁘다, 입고 싶다. 한참을 고민하다가 그냥 집으로 돌아오면 눈앞에 아른아른 하답니다. 입고 싶어서. 굉장히 솔직하다고 생각했습니다. 저도 마찬가지로 생태 건축을 하지만, 이렇게 힘들게 하지 말고 빨리 간편하게 하고 싶다는 생각을 하곤 합니다. 그때마다 제가 종종 가는 카페에 붙어 있는 글귀를 떠올립니다. "내가 조금 불편하면 지구가 많이 편해집니다." 건축을 단지 돈을 벌기 위해서 하는 사람도 있지만, 조금 불편해도 이런 좋은 가치관을 실천하고자 하는 건축가들도 많이 있습니다.

우리 사회가 건강하기 위해서는 우리 소비가 건강해야 합니다. 건축도 마찬가지입니다. 학생들한테 "집은 살아보면 안다"고 말합니다. 흙건축은 집에서 해 주는 유기농 음식과 비슷합니다. 우리 몸에 좋은 것들은 사람들의 생각이 전환되지 않으면 쓰이기 어렵습니다. 흙을 포함한 친환경 재료들 모두 마찬가지입니다. 나이가 들어가면서야 시골에서 어머니가 해 주시는 투박한 느낌의 밥상이 좋다는 걸 안다고 하는 사람들이 많아지는 것을 보면, 정말 좋은 것을 좋아하는 데는 시간이 걸리는 것 같습니다.

집은 인간이 생존을 위해 소비하는 의식주 중 가장 고가의 소비재입니다. 그러나 우리는 급격한 산업화 과정에서 집을 소비재가 아닌 돈벌이 수단으로 여기게 되었습니다. 소비가 건강해야 삶도 건강해집니다. 흙건축은 집에서 해 주는 유기농 음식과 비슷합니다. 우리 몸에 좋은 것들은 사람들의 생각이 전환되지 않으면 쓰이기 어렵습니다.

친환경 건축 재료인 '흙'

기존의 건축 재료들은 지구로부터 자원을 가져와 변형시켜서 사용하는 것입니다. 현대 건축에서 가장 많이 쓰이는 건축 재료는 철, 시멘트, 유리입니다. 이 세 가지를 근대 건축의 3대 재료라고 합니다. 사실 이 재료들을 빼고는 현대 건축을 이야기할 수 없습니다. 그렇다면 왜 이 재료들이 가장 많이 쓰이게 되었을까요?

 철은 목재가 했던 역할을 대신합니다. 기둥-보 구조(가구식 구조)라고 하는 건축 구조 양식에서 목재가 담당했던 역할을 철이 대신하는 것입니다. 그런데 철은 목재가 할 수 없는 것까지 합니다. 철은 목재보다 더 길고 더 높고 더 튼튼한 건축물을 가능하게 해 주었습니다. 또한 철은 친환경 측면에서도 재활용이 가능한 재료라 친환경 범주에 들어갑니다. 그 때문에 그 역할에 한계가 없습니다. 두 번째로 시멘트는 예전에 흙이 했던 역할을 대신하는 재료입니다. 그런데 흙보다 더 단단하고 물에 강합니다. 거푸집 모양에 따라 어떤 형태도 가능하다는 장점이 있습니다. 하지만 재활용할 수 없고 시멘트를 만들 때 배출되는 이산화탄소 때문에 친환경 측면에서는 아주 불리한 재료입니다. 세 번째 재료인 유리는 투명한 벽을 만들어 준다는 점에서 독보적입니다. 최근에는 로

우이 유리처럼 단열이 강화된 유리가 개발되면서 더 많이 쓰이고 있는 추세입니다.

이러한 재료들의 문제는 철을 제외하고 다시 지구 자원으로 돌아가지 않는다는 데 있습니다. 일례로 흙과 돌로 시멘트를 만들지만, 일단 시멘트로 만들어서 집을 지은 뒤 철거하면 이 시멘트는 다 쓰레기가 됩니다. 하지만 흙집은 부수어도 다시 흙으로 돌아갑니다. 흙이 좋은 수많은 이유가 있는데, 먼저 지구 환경을 생각해 보면 지구 자원을 덜 망가뜨리게 되는 확실한 재료입니다. 이것을 달리 얘기하면 지속 가능한 재료라는 겁니다.

또 한 가지 중요하다고 생각하는 점은 시멘트 1t 정도를 만들고 나면 1t 정도의 이산화탄소가 발생한다는 것입니다. 시멘트 자체는 몸에 나쁘지 않다는 등 말이 많지만, 시멘트를 만들어 낼 때 나오는 이산화탄소의 양은 엄청납니다. 이산화탄소의 문제는 크게 엔진 부분과 사각 부분 두 가지로 나눠집니다. 엔진 부분이야 어쩔 수 없다고 하고 사각 부분만 살펴보면 3분의 2 정도가 건설 산업에서 나옵니다. 우리나라의 경우 시멘트 생산량이 전 세계 5위권인데 1인당 시멘트 소비량은 1등입니다. 1인당 1년에 1t 정도 씁니다. 이 수치는 한 사람당 이산화탄소 1t을 발생시킨다는 얘기고, 소나무로 환산하면 200그루를 심어야 한다는 것입니다. 사람들은 친환경 건축을 이야기하면서 몸에 좋고 등등을 말하는데 가장 근본적으로 이산화탄소 문제를 해결하려면 시멘트 건축을 해결해야 합니다.

그렇다면 시멘트를 대신해서 무엇을 쓸 것이냐? 유럽에서는 2050년까지 시멘트 사용량의 20%만 쓰겠다고 했습니다. 이것은 항만, 도로, 댐 이런 것들만 쓰고 나머지는 안 쓰겠다는 겁니다. 유네스코 흙건축위원장이 하는 말이 "흙 아니면 무엇이 있을까?"였습니다. 저 역시 같은 생각입니다. 흙이 아니면 어떻게 할 건데? 흙은 어디에나 있습니다. 나무 없는 나라는 많지만 흙 없는 나라는 없습니다. 게다가 재활용도 가능하고 짓기도 쉽습니다.

그런데 왜 시멘트를 쓰느냐? 시멘트가 싸기 때문입니다. 제 고향이 강릉인데 오징어 한 마리를 먹으려면 마트에 가서 돈 주고 사 먹는 게 훨씬 쌉니다. 바닷가 가서 낚시 던져서 오징어를 잡아서 말려서 먹을 수도 있지만 귀찮기도 하고 시간도 걸리기 때문입니다. 소위 '규모의 경제'라고 말하는 것이 이런 겁니다. 시스템을 갖춰서 생산되는 재료들이 쌉니다. 시멘트가 싼 것도 이런 이유입니다. 바꿔 말하면 흙을 많이 쓰게 되면 시스템이 갖춰지게 되고 그러면 시멘트보다 훨씬 싸게 될 것이라는 얘깁니다. '원에너지'라는 개념이 있는데, 우리가 어떠한 에너지를 사용하기 위해서 투입되는 자원을 열량으로 환산한 수치입니다. 시멘트는 3000, 4000cal나 되지만, 흙은 8cal밖에 안 됩니다. 그런데도 비싼 이유는 아직 규모의 경제가 갖춰져 있지 않아서입니다. 흙이 건축 재료로써 가지는 이러한 거시적인 측면에서의 장점 이외에도 미시적으로는 우리 몸에 좋습니다. 탈취도 해 주고, 냄새도 좋고, 습기도 조절해 주고, 원적외선도 많이 나옵니다. 쥐 실험을 해 보면 흙 쪽 쥐들은 잘 자라는데 시멘트 쪽 쥐들은 죽습니다. 흙은 건강과 지구 환경 두 가지 모두를 충족할 수 있는 재료입니다.

그런데 이렇게 좋은 재료인 흙을 왜 안 쓸까요? 그것은 사람들이 아직도 흙을 과거의 재료로 생각하기 때문입니다. 물에 약해서 장마 때 걱정되고, 오래되면 부스러지고, 그래서 유지하고 보수하기가 어렵다는 옛날 기억에 갇혀 있기 때문입니다. 하지만 요즘의 흙은 강도도 시멘트만큼 세고 균열도 가지 않는 천연 흙 재료가 개발되어 시판되고 있습니다. 그러니 시간이 걸리겠지만 더 많은 사람들이 건축 재료로 흙을 선택하게 되리라 생각합니다. 오늘날의 흙은 과거만의 재료가 아니라 미래의 재료인 것입니다.

시멘트 같은 기존 건축 재료들의 문제는 다시 지구 자원으로 돌아가지 않는다는 것입니다. 하지만 흙집은 부수어도 다시 흙으로 돌아갑니다. 지속 가능한 재료인 것입니다. 그런데도 사람들이 쓰지 않는 이유는 흙을 과거의 재료로 생각하기 때문입니다. 하지만 현대의 흙은 강도도 시멘트만큼 세고 균열도 가지 않는 천연 재료입니다. 미래의 재료입니다.

흙건축, 흙집, 흙이 기능하는 집

'흙건축'이란 행위를 포함하는 전반적인 것을 말합니다. 여기서 행위란 설계부터 시공까지 일련의 과정을 모두 포함합니다. 이런 행위의 결과가 흙건축물입니다. 이 흙건축물을 흙집이라 표현하는데, 특히 주거 부분에 있어 표현할 때 '흙집'이라 일컫습니다.

그렇다면 흙건축의 범주가 어디까지인가, 흙을 얼마나 써야 하느냐고 묻는다면 스펙트럼이 굉장히 넓습니다. 어떤 분들은 흙으로 다 해야 흙건축이라 주장하고, 또 어떤 분들은 흙이 조금만 들어가도 된다고 얘기하기도 합니다. 흙이 구조적인 측면에 사용됐을 때만 흙건축이라고 주장하는 학자들도 있습니다. 그런데 저는 조금 더 범위를 넓혀서 꼭 구조가 아니더라도 비구조적인 면에서도 흙이 특징적인 기능을 한다면 흙건축의 범주에 드는 것으로 봅니다. 이것을 넓은 의미의 흙건축이라 할 수 있을 것입니다. 예를 들어, 기둥은 경량철골로 하더라도 벽을 흙으로 해서 디자인적으로 활용하거나 건강에 도움을 받는다면 흙건축의 범주에 든다는 것이 저를 포함한 다수 학자의 의견입니다.

한옥의 경우도 우리는 한옥이라고 표현하지만 서양에서는 한옥을 흙건축 범주 안에 넣습니다. 한옥이라고 하면 많은 사람들이 나무 기둥과 지붕을 인상적으로 떠올립니다. 한옥의 구조를 보면 기둥과 보, 지붕 구조가 목재이기 때문에 목구조로 분류합니다. 하지만 기능적으로 살펴보면 기초가 되는 기단 부분은 흙입니다. 무엇의 기반이 된다는 '토대'라는 말도 여기에서 나온 것입니다. 그리고 방바닥 구들 역시 흙입니다. 벽체도 흙입니다. 지붕도 흙으로 덮은 위에 기와를 얹는 것입니다. 쓰이는 양으로 보면 나무보다 훨씬 많습니다. 힘을 받는 기둥이나 지붕 구조를 뺀 나머지 부분은 모두 흙인 것입니다. 그 때문에 구조적인 부분에서는 목구조이지만 기능적인 부분에서는 흙건축입니다.

목조주택과 한옥의 가장 큰 기능적인 차이는 나무로만 짓느냐, 나무와 흙으로 같이 짓느냐 하는 것입니다. 서양의 목조주택이 처음 들어왔을 때 이를 쉽게 받아들일 수 있었던 것도 한옥의 목조주택 전통 때문입니다. 하지만 목조주택에 직접 살아 보면 삐거덕거리거나 미세한 진동이 지속적으로 느껴지는 것을 경험할 수 있습니다. 이것은 나무로만 만들어졌기 때문입니다. 흙으로 벽과 바닥을 했던 한옥에서는 경험하지 못했던 것입니다. 그 때문에 흙이 기능한다는 측면에서 한옥은 흙건축에 포함됩니다.

그래서 저는 흙집이란 '흙이 기능하는 집'이라고 표현합니다. 한옥처럼 모든 부분이 흙이 아니더라도 흙이 기능하는 집은 다양합니다. 최근에는 흙과 나무, 흙과 철을 결합해 다양한 형태의 건축물을 짓고 있습니다. 목조주택의 경우에는 방바닥에 흙을 사용해 구들을 놓기도 하고 벽은 이중심벽으로 단열을 강화한 흙벽을 만들기도 합니다. 철의 경우에는 기둥을 경량철골로 하고 흙벽으로 둘러싼다든지, 철망 안에 흙을 채워 넣는 방식 등 여러 시도가 이루어지고 있습니다. 흙다짐벽 같은 경우에는 디자인적 요소로도 쓰입니다.

이러한 건축 재료적인 기능 이외에 건강을 위해 흙이 기능하는 집을 짓기도 합니다. 예를 들면 콘크리트로 집을 지었는데 아토피 때문에 안 좋은 경우에는 실내에다 1cm 정도로만 흙미장을 합니다. 이렇게 해도 흙집의 효과가 대부분 나타납니다. 이렇게 흙을 써서 흙의 효과를 볼 수 있는 집이면 흙집으로 볼 수 있습니다. 비록 껍데기는 비바람 때문에 콘크리트로 만들었지만 실내의 생활하는 곳은 흙의 아주 중요한 기능들을 다 접할 수 있기 때문입니다. 이런 식으로 실내 내부 벽이 되었든 기둥이 되었든 건축의 기능 중에서 중요한 역할을 담당하는 곳이 흙이면 흙집으로 봐야 하지 않을까 생각합니다.

그렇다면 건축 재료로써 흙을 어떻게 쓰는가? 저는 흙을 두 가지로 사용한다고 얘기합니다. 하나는 물만 넣어 반죽해서 흙 그 자체로 사용하는 것입니다. 전 세계적으로 다 이렇게 쓰고 있고, 이렇게 쓰는 게 제일 좋습니다. 실제로 역사적으로도 흙은 건축에서 구조부터 구조 이외의 부분까지 모든 부분을 담당해 왔습니다. 건축의 역사가 만 년이라고 할 때 그 역사의 중심 줄기가 곧 흙건축의 역사인 것도 흙이 그 자체만으로 건축물이 가져야 할 모든 기능과 요소를 갖추고 있기 때문입니다. 인류 최초의 도시 차탈회위크는 만 년 전 도시인데 당시 인구가 5,000명이었습니다. 지금으로 환산하면 500만이 넘는 대도시입니다. 이 도시는 흙으로 만들어졌습니다. 지금까지 발견된 가장 오래된 벽돌 역시 흙벽돌입니다. 이 벽돌에는 사람이 손으로 빚은 흔적이 고스란히 남아 있습니다. 이렇듯 흙 한 가지로 건물을 만드는 데 아무런 문제가 없었습니다. 그리고 지금도 전 세계 인구의 절반이 이런 흙집에 살고 있습니다.

그런데 건축을 하다 보면 강도를 높여야 할 때가 있습니다. 특히 우리나라는 여름에 장마가 있어 건물이 물에 잠기기도 하는 만큼 건물의 강도를 높여서 물에 풀리지 않게 해야 합니다. 이럴 때 흙을 콘크리트보다도 단단하게 해서 씁니다. 이렇게 강도를 내는 기술은 한국이 가지고 있습니다. 이런 기술은 건물 벽체뿐 아니라 건물 외부 바닥에 쓰이기도 하는데 인도나 차도, 박물관 보도블록 등에 쓰이고 있습니다. 유네스코 석좌프로그램 한국흙건축학교가 아시아 최초로 한국에 세워진 것도 이런 기술 덕택입니다.

흙집이란 '흙이 기능하는 집'입니다. 흙은 다양한 재료들과의 결합으로 건축물의 구조는 물론 구조 이외의 부분에서도 사용됩니다. 건강을 위해 흙집을 짓기도 합니다. 이렇게 건축의 기능 중에서 중요한 역할을 담당하는 곳이 흙이면 흙집이라고 할 수 있습니다.

흙건축의 세 가지 미덕

 우리나라에는 친환경 건축물에 대한 인증 제도가 있습니다. 단열을 더 하면 점수를 더 줍니다. 이렇게 유도하려는 측면은 필요합니다. 더 세고 강력하게 확대되어야 한다고도 생각합니다. 하지만 정부는 흙건축에 대한 관심은 거의 없습니다. 우리나라는 현재 아파트가 55%가 넘습니다. 그래서 주요 정책들이 아파트에 맞추어져 있습니다. 전에는 흙건축 인증 제도도 준비하고 기준도 만들면서 언젠가 정부에서 필요하다면 제출해야지 했는데, 최근 들어 생각이 바뀌었습니다. 정말 큰 건물들은 인증 제도가 필요하겠지만, 작은 내 집 만드는 데 그런 인증 제도가 필요할까? 내가 흙이 좋아서 쓰는데 뭐 이러저러해야 한다고 강요할 필요가 있을까? 다른 것들은 그린빌딩 인증도 하고 그러지만 흙건축은 약간의 쉼표처럼 놔둬도 되지 않을까? 하는 생각이 들기 시작한 것입니다.
 요즘 예전 제자들이 강사로 학교에 나오는데 "전에 우리 때는 세게 하시더니 후배들한테는 왜 이렇게 살살하시냐"고 항변 아닌 항변을 합니다. 그때는—지금도 그렇지만—대학에서 흙건축을 연구하는 곳이 우리 연구실뿐이었습니다. 그래서 학생들이 흙건축을 잘 못 해서 어그러지면 우리나라 흙건축이 끝장난다 해서 아침 6시에 출근시켜서 새벽

2시에 보냈습니다. 그러니 집에 가 봐야 잠잘 시간도 없으니까 학교에서 자라고 제가 침대도 만들어 주고 그랬습니다. 그렇게 세게 공부를 시켰는데, 시간이 지나고 유네스코랑 같이 한국흙건축학교를 하면서 생각이 달라지기 시작했습니다. 흙건축 수업 자체가 쉼표 같은 수업이 되었으면 좋겠다고 말입니다. 건축학과 입학해서 앞으로 달려가는 데 급급하다가 한 번쯤 멈춰 서서 '정말 내가 어떤 건축을 해야 하지? 그러려면 난 뭘 해야 하지?' 이런 것들을 총체적으로 볼 수 있는 시간이었으면 하는 바람이 든 것입니다.

목포대학교 건축학과의 흙건축 수업은 4학년에 있습니다. 고학년에 있는 이유는 흙건축을 공부하려면 건축에 대한 공부가 어느 정도 되어야 가능하다는 생각이 들기 때문입니다. 그래서 흙건축 수업의 절반 정도는 철학 같은 이야기가 많습니다. 그리고 장난 같은 것도 많습니다. 예를 들면 흙으로 공을 만들어 던지기를 합니다. 언뜻 보면 대학생들이 장난치는 것 같지만 흙과 물의 배합을 정확히 안 맞추면 공이 날아가지 않습니다. 이런 식으로 스스로 생각하고 스스로 깨달을 수 있는 수업으로 만들어 갑니다.

예전에는 제가 인터뷰할 때 우리나라 전체를 흙으로 뒤덮는 순간을 꿈꾼다고 얘기했습니다. 그런데 요즘에는 그런 얘기를 별로 안 합니다. 결국 언젠가는 어쩔 수 없이 그렇게 될 것이라는 생각이 들기 시작했기 때문입니다. 그리고 적어도 내가 사는 집들은 나의 주체적 결단에 의해서 짓는 것이지 누가 이렇게 짓고 여기서 살라고 정해 주는 것이 아니기 때문입니다. 내가 흙집에 살 때는 흙이 좋으니까, 흙은 이러이러해서 내가 지어야겠다 하는 자기 나름의 결단이 있어야 합니다.

흙건축에서 이야기하는 세 가지 미덕이 있습니다. 첫 번째가 '경쟁하지 않는다'입니다. 그다음이 '서두르지 않는다', 세 번째가 '드러내지 않는다'입니다. 뭔가 자기를 드러내려고 하면 굉장히 부자연스러워지는데, 시간이 지나면 진짜는 결국 다 드러나게 마련이니까요. 초반부에는 이런 세 가지 것들을 지키지 못했습니다. 하지만 삶의 후반부로 오면서 흙건축에 대해서 공부한 지 10년, 20년 되니까 굳이 드러내고 경쟁하면서 흙 아니면 안 된다고 소리칠 필요가 없겠다는 생각이 들었습니다. 강요하고 억압해서 좋아질 것도 없거니와 결국 하고 싶은 사람들은 하게 되어 있기 때문입니다. 어떤 사람들은 흙집이 허물어지고 부스러진다고 생각하고 구질구질해서 싫다는 고정관념을 가지고 있기도 합니다. 이런 사람들에게 흙이 요즘 굉장히 세련되어졌다고 아무리 얘기해도 믿지 않습니다. 언젠가 인연이 되면 최근의 흙건축을 보고 나서 '오, 이게 흙이에요? 시멘트인 줄 알았는데 흙이에요?'라고 놀랄 기회가 있을 것입니다. 요즘은 자연스러운 시기를 기다리는 것도 흙건축이라는 생각이 듭니다.

　물론 흙도 아름답게 지을 수 있습니다. 그렇다면 이런 의식을 문화를 앞당길 수 있는 것이 무엇일까요? 삶의 문제도 마찬가지겠지만 열쇠는 '공감'에 있다고 생각합니다. 세월호 참사를 예로 들면, 어떤 분들이 배 타고 죽은 걸 뭐 이렇게까지 하냐는 식으로 얘기해서 놀라웠습니다. 그분도 자식 키우는 부모인데 어떻게 저렇게 얘기할까 생각이 들었습니다. 세월호 리본을 누가 달고 있으니까 그저 지겹다고 떼라는 사람들도 있었습니다. 세월호 단식투쟁을 하는 앞에서 피자와 치킨을 먹으며 조롱하는 사람들을 보면서 타인의 공포와 슬픔을 공감하지 못하는 사람들이 얼마나 무서운지 생각했습니다.

　공자님이 돌아가시기 전에 제자들이 둘러앉아 글자 하나를 남겨 달라고 했습니다. 그 글자를 붙잡고 공부하며 살겠다고 하였습니다. 그러자 공자님은 '충, 예, 인' 같은 글자가 아닌 '서(恕)' 자를 남겨 주었습니다. 용서하다의 서 자인데, 서 자를 뜯어 보면 같을 여(如) 자에 마음 심(心) 자로 되어 있습니다. 다른 사람의 마음을 나의 마음처럼 생각하라는 의미입니다. "나를 용서하는 것처럼 다른 사람을 용서하라"는 말이 있습니다. 용서는 가해자가 정말로 뉘우치고 또 피해자가 가해자의 입장을 충분히 내 마음처럼 이해했을 때 이루어지는 것입니다. 그런데 가해자는 멀쩡히 가만히 있는데 피해자만 용서를 하는 구조에서 살고 있는 것 같아 안타깝습니다. '서'라는 글자처럼 다른 사람을 이해할 수 있는 마음을 갖지 않으면 서로 싸우는 일만 남습니다. 앞에 모피 이야기를 했는데, 사실 그 연예인은 직업 특성상 화려하게 치장하는 것이 필요할 수도 있습니다. 하지만 동물의 아픔을 공감했기에 그런 실천을 하는 거라 봅니다.

흙건축 할 때 관계론이라는 수업을 합니다. 나하고 남하고 서로 관련이 있다는 내용입니다. 제가 학생들에게 묻습니다. '산다'에서 출발해서 두 갈래 길과 마주했다. '나만 산다'와 '나도 산다'가 있다. 만약 나만 산다를 선택하면 둘 다 죽는 길로 가는 것이고, 나도 산다를 선택하면 같이 사는 길로 가는 것이다. 어떻게 할 것인가?

흙건축은 집과 관련해서 세상 모든 것과 연결된 것을 찾습니다. 흙건축이 소수 중의 소수들이 하는 건축이라 얘기할 수도 있지만, 부싯돌이라고 생각합니다. 저희가 불꽃을 튀겨 주어서 기존 건축들에도 영향을 주고 지구 환경을 생각하는 건축으로 변화가 있을 것으로 생각합니다.

> 내 집은 나의 주체적 결단에 의해서 짓는 것입니다. 흙집도 마찬가지입니다. 사람들은 아직도 흙이 굉장히 세련된 건

축 재료가 되었다고 얘기해도 믿지 않습니다. 그래서 흙건축이 아직 소수의 건축이라 할 수도 있겠지만, 분명 기존 건축에 영향을 주고 지구 환경을 생각하는 건축으로 변화하는 부싯돌이 될 것입니다.

나의 삶과 흙집

제가 흙에서 가장 많이 얘기하는 것이 '소비'와 '관계'입니다. 소비는 우리가 살고 있는 자본주의를 지탱하는 것입니다. 이 소비가 정말로 내가 필요해서 하는 소비인지 생각해 봐야 한다는 것입니다. 우리는 자본주의 사회를 살고 있는데, 이 사회가 좀 더 사람이 살 만한 곳이 되려면 어떤 것이 바뀌어야 할지에 대하여 인지해야 어떤 집을 지을 것인가의 문제로 넘어갈 수 있기 때문입니다. 사회주의는 인간의 의지를 바탕으로 이루어진 체계입니다. 인간은 선한 존재이고 그래서 각각 생산하지만 필요할 때는 분배해서 쓸 수도 있다고 생각했습니다. 그런데 살아 보니까 아니었습니다. 인간의 의지가 선해서 사회가 잘 돌아가는 게 아니라 기본적으로 인간의 욕망이 충족되어야 잘 돌아가는 것이었습니다. 그런 측면에서 자본주의가 승리했다고 보입니다.

그렇다면 인간의 욕망이라는 것을 어디까지 허용할 것인지에 대한 문제가 남습니다. 예를 들면 배를 쫄쫄 굶다가 밥을 주면 숟가락으로 먹지 않습니다. 손으로 집어 먹습니다. 그러다가 좀 지나면 '손으로? 이건 아니지 않아?' 하면서 숟가락으로 먹게 됩니다. 그다음에 '반찬이 적지 않나?', '상이 좀 안 예쁘지 않아?' 하는 식으로 본질에서 점점 멀어지게 됩니다. 많은 현대인의 삶이 이렇습니다. 가장 행복한 날이 언제냐고 물으면 월급날 백화점에 갔을 때라고 한답니다. 소비할 때 왕이 되기 때문입니다. 그래서 돈이 많으면 되게 좋은 것이 되고, 광고는 돈 많이 쓰면 좋다고 말하고, 그렇게 생활하면 내가 여왕이 될 거 같습니다. 한편으로는 공포를 심어 줍니다. 돈 없으면 죽는다, 돈이 없으면 얼마나 처참해지는지 아느냐, 이 두 가지를 계속 반복하는 것입니다. 돈 없으면 죽는다는 공포를 계속 심어 주니까 우리는 앞만 보며 달리게 되고, 경쟁에서 이겨야 한다고 말하고, 경쟁에서 이기면 많은 것을 얻게 되고, 얻게 되면 좋은 거라고 여기면서 계속 앞으로만 가는 겁니다.

그런데 곰곰이 생각해 보면 죽어라 한다고 될 문제가 아닙니다. 아무리 해도 안 되는 것들이 있습니다. 그래서 저는 학생들을 가르치면서 가끔 속상합니다. 프랑스의 흙건축 학교에 갔을 때 "졸업하고 뭐 할래?" 물어보면 "저는 졸업하고 흙건축 할 거예요!"라고 합니다. "먹고살 수 있겠니?" 물어보면 "그럼요!" 합니다. 그래서 "어떻게 먹고살 건데?" 하면 "프랑스는 예술인들을 위한 사회보장제도가 잘 되어 있어서 1년에 한 채만 잘 지으면 돼요. 그러면 먹고살 수 있으니까요"라고 대답합니다. 그런데 우리는 아닙니다. 무지막지하게 짓지 않으면 못 먹고삽니다. 1년에 집 한 채를 멋지게 짓는 사람하고 한 달에 몇 채씩 막 찍어내는 사람하고 누가 더 잘 지을까요? 이건 재능의 문제가 아닙니다. 재능은 우리 애들이 훨씬 뛰어납니다. 그런데 왜 외국에 유명한 건축가가 많은 걸까요? 저는 소득 문제라고 생각합니다. 요즘 기본소득이 이슈인데, 한 달에 135만 원 정도 주면 나머지는 자기가 조금만 더 해서 생존할 수 있습니다. 법인세 제대로 받으면 충분하답니다. 그러면 월급 250만 원 받아도 얼마든지 더 풍요로운 삶을 살 수 있습니다. 근데 이렇게 얘기하면 노동 효율이 떨어질 거라고 말합니다. 사람들이 일을 안 할 것이

다, 게을러서 누가 하겠냐 합니다. 그런데 실제로는 훨씬 효율이 높답니다. 내가 하기 싫은 일을 억지로 하는 게 아니라 월급이 적어도 내가 하고 싶은 일을 하기 때문입니다.

건축도 마찬가지입니다. 돈 때문에 하기 싫은 건물을 막 짓는 게 아니라 정말 하고 싶은 건물을 1년에 한두 개만 설계하고 지으면 됩니다. 그러면 훨씬 좋은 건물을 지을 수 있습니다. 건축주들도 집을 지을 때 건축사를 직접 만나서 어떤 집을 짓고 싶은지 얘기하면서 설계할 수 있습니다. 잡지에 좋은 건물 사례로 나와 있는 것들을 보면 대부분 그런 과정을 거친 집들입니다. 이렇게 하면 보통 1년씩 걸립니다. 이런 건물을 보면 사람들은 예쁘다, 짓고 싶다 하지만 건축사들은 대부분 '돈만 줘. 내가 해 줄게. 내가 1년 동안 그 집에만 몰두할 수 있을 만큼만 달라'고 합니다. 모든 건 서로 맞물려져 있는데 건축주들도 넉넉하지 않으니까 서로 싸게 하려고만 하는 것입니다. 만약 건축주들도 기본소득이 있으면 그러지 않을 것입니다.

그래서 얼마만큼 소비해야 내가 행복한가, 얼마만큼이 나한테 적절한 좋은 소비인가를 생각해 볼 필요가 있습니다. 그렇게 해서 소비를 줄이면 공장에서도 지금처럼 펑펑 만들어 내지 않을 겁니다. 100만 개 만들어 내던 걸 50만 개 만들어 낼 것이고, 소비자들도 값은 올라가겠지만 좋은 제품을 알뜰하게 쓰게 될 것입니다. 지구 자원은 그만큼 보존될 것입니다. 소비라고 하는 문제는 이렇게 풀어야 한다고 생각합니다. 이러한 문제들을 해결하지 않은 상태에서 어떤 집을 지어야 좋은 집을 지을 수 있을까? 라는 질문은 로망에 불과합니다.

아파트보다 단독주택은 당연히 비쌉니다. 기초부터 지붕까지 다 공용하는 집과 다 내 것인 집은 당연히 비용에 차이가 납니다. 그래서 요즘에 귀촌을 많이 하는데, 집을 짓는 게 돈이 되어야 한다는 생각입니다.

투기해야 한다는 것이 아닙니다. 지금은 사실 시골에 집 한 칸 마련하고 나면 남는 게 없습니다. 우리 부모님 대부분이 그렇습니다. 그러면 집 짓고 나면 뭐 먹고 살까요? 예전처럼 자식들이 책임지고 부양하는 시대도 아니고. 그래서 35평 집을 지으면 15평은 내가 살고 20평은 임대하는 것입니다. 에어비앤비가 한 예입니다. 누군가 경치 좋은 시골의 흙집에서 일주일 있겠다고 했을 때 빌려주는 것입니다. 그런 집은 출입구가 붙어 있으면 불편하니까 우리 한옥의 별채 개념처럼 지으면 됩니다. 그렇게 지어서 돈이 될 수 있어야 한다는 것입니다.

흙건축은 '생래적인 것', '근원적인', '원래'입니다. 누가 시켜서 만들어진 개념이 아니라 그냥 원래 있는 그대로입니다. 어머니 같은 재료입니다. 흔한 것을 귀하게 여겨야 한다는 말이 있습니다. 금은보석이 귀하다고 얘기하지만, 사실은 바람, 햇빛, 어머니 같은 존재가 정말 중요하다는 것을 우리는 놓치며 살고 있습니다. 정말 귀한 것들이 무엇인지 생각해 보는 것이 중요합니다. 흙도 마찬가지입니다. 흙 퍼서 장사하느냐는 말을 하는데 그만큼 흙이 흔하다는 얘기지만 이것이 얼마나 소중한지를 알 정도가 되면 우리의 삶도 품격 있고 좋아질 것으로 생각합니다.

> 흙건축은 '생래적인 것', '근원적인', '원래' 있는 그대로의 어머니 같은 재료입니다. 흙이 얼마나 소중한지를 알게 되면 우리의 삶도 품격 있고 좋아질 것입니다. 이것이 어떤 집을 지을 것인가의 출발점입니다.

2장

흠집에
대해
—
묻다

저는 주말이면 완주에 있는 한국흙건축학교에서 흙집 짓기 교육을 진행합니다. 얼마 전 교육 때 있었던 일입니다. 처음 교육에 참여하신 분들의 질문이 쏟아졌습니다. 첫 번째 질문은 "흙은 갈라져서 매년 보수해야 한다는데 정말 흙집을 지어도 되겠습니까?"였습니다. 흙집을 짓겠다고 마음먹고 돈과 시간을 들여 배우러 왔으면서도 반신반의하는 것입니다. 두 번째 질문이 이어집니다. "갈라지지 않게 하려면 시멘트나 본드를 섞어야 할 것이고, 그러면 친환경이 아닌데 어쩔 수 없겠죠?" 그나마 시멘트보다 나으니 흙집을 짓는 거라는 정도의 자기타협입니다. 그다음으로 많은 질문은 이것입니다. "그런데 물에 약해서 장마 지면 괜찮을까요?" 그러면 제가 묻습니다. "그런 흙집을 왜 배우러 오셨습니까?" 대답 중 가장 많은 것은 이것입니다. "싸니까요." 이런 질문이 쏟아지는 걸 보는 선배 교육생들은 옆에서 웃으면서 얘기합니다. "우리도 처음에는 그랬어요. 그런데 공부해 보면 그렇지 않다는 걸 알게 돼요." 결론부터 말하자면 이 모든 질문과 예상은 옛날 흙집의 이미지에 갇힌 편견에서 비롯된 것입니다.

제2차 세계대전 이후 각 나라가 현대적 흙건축을 논의하기 시작한 이래 흙건축은 기술적으로 많은 변화와 진화를 이루어 왔습니다. 2000년대 이후에는 전 세계적으로 상용화되었고, 더 이상 과거의 건축 재료가 아닌 미래지향적 친환경 재료로 인정받고 있습니다.

아직도 아련한 기억 속의 시골 흙집이 흙집의 전부라고 생각하십니까? 흙집이라고 하면 통나무 박아 넣은 버섯돌이 흙집이 떠오르십니까? 다음의 질문과 답이 여러분이 가진 흙집에 대한 편견을 속 시원히 깨뜨려 줄 것입니다.

흙건축 이해하기

흙집은 언제부터 지어졌나요?

● 흙집이 지어진 것은 만 년 전쯤으로 거슬러 올라갑니다. 루소가 신석기 혁명 때 가족 공동체에 혁명적인 변화가 있었다고 이야기했는데, 그때 나뭇가지나 흙을 반죽해서 바르는 식의 주거 형태가 나타났습니다. 실제로 메소포타미아 지역이나 나일강 지역에 만 년 정도 된 건물 또는 집단 주거 지역이 있습니다. 요르단 예리코는 기원전 7000년경 벽과 계단이 있는 탑으로 구조된 거대한 도시로 인류가 세운 최초의 요새화된 성곽도시입니다. 터키의 차탈회위크에는 당시 5,000명 정도가 살았다고 하는데 지금의 경제 수준으로 따지면 500만에서 1,000만 정도 되는 규모의 도시라고 합니다. 시리아에서 발굴된 흙벽은 기원전 9000년 것으로 밝혀지기도 했습니다. 이런 것들로 보았을 때 인류의 정착은 만 년 전으로 볼 수 있고, 최초의 집과 도시는 흙으로 만들어졌기 때문에 흙건축의 시작도 이때부터 시작되었다고 볼 수 있습니다.

**현대에 와서 흙집이 드물어진
이유는 무엇입니까?** ● 예전엔 크게 석조 건물과 흙집으로 나뉘어서 지어졌습니다. 그러다가 산업혁명 이후 철과 콘크리트가 나오면서 건축 재료에도 변혁이 일어납니다. 그러나 제2차 세계대전을 거치고 도시를 재건해야 하는 과정에서 흙집에 대한 관심이 다시 생겨났습니다. 여기에 1970년대 석유파동을 겪으면서 기존의 집 짓는 방식에 문제가 있다, 에너지를 절약할 수 있는 방법이 없을까, 하는 생각이 싹트기 시작하면서 흙집을 현대적으로 짓는 것에 대한 고민이 시작되었습니다. 그 고민의 결과 1990년대에 들어서면서 본격적으로 현대화된 건축이 등장하고 상당히 많은 나라에서 흙건축의 현대화가 진행됩니다.

반면 우리나라는 건축적으로 불행했던 일제강점기를 거치면서 건축 역사가 단절되었습니다. 해방되고는 바로 6·25가 터졌고, 전후 복구 사업은 흙벽돌 위주로 재건이 되었습니다. 몇 년 안 가 시멘트가 등장하면서는 시멘트 공장이 들어서고 시멘트가 공급되기 시작했고 모두 다 시멘트로 바뀌게 됩니다. 새마을운동 때도 예전 것은 낡고 안 좋은 거라고 싹 다 없앴습니다. 그래서 사람들은 흙집은 옛날 것으로 낡고 후진 데다 우리 생활을 불편하게 만드는 것으로 생각하게 되었고, 흙집은 점차 사라지게 되었습니다.

**현재 세계 건축 흐름 속에서
흙건축은 어떤 위치인가요?** ● 산업혁명 이후 마구잡이로 집을 짓다가 현대로 오면서 지구 환경이나 생태에 관심을 갖게 되고 자연환경과 공생할 수 있는 방법을 고민하게 됩니다. 그런 측면에서 흙건축은 가장 현실적인 환경 건축, 생태 건축의 대안으로 주목받고 있습니다. 유네스코를 중심으로 건축물에 대한 보전과 복원 과정에서 흙건축에 대해 다시 보게 되었고, 인간의 삶에 적합한 건축물로 인식되면서 프랑스나 독일 같은 곳에서 많이 짓기 시작했습니다. 미국에서도 새로운 건축의 한 흐름으로 규정까지 만들 정도로 관심이 높습니다. 돈이 많이 들지 않고 에너지를 절약할 수 있는 주거로 주목받기 시작해서 이제는 친환경 건축의 보편성을 띠고 있는 건축으로 지어지고 있는 것입니다.

세계적으로 유명한 흙건축물에는 어떤 것들이 있나요? ● 프랑스 같은 경우는 흙건축으로 만든 신도시인 일다보가 있습니다. 일다보에는 50여 채 정도의 흙집이 시범적으로 지어져 지금까지 사람들이 살고 있습니다. 여러 가지 흙집의 장점들 때문에 입주했던 사람은 나가질 않는다고 합니다. 독일에서는 아이들의 건강을 위해 학부모가 주관해서 짓게 된 발도르프 유치원을 비롯해 베를린 장벽이 무너진 곳에 옛 성당을 복원하면서 예전 성당의 돌과 흙을 사용해 만든 화해의 성당이 있습니다. 기념비적인 흙건축물이라고 할 수 있겠습니다. 미국 같은 경우에는 산타 페에 주로 많지

일다보에 만들어진 현대적 흙집 단지(프랑스).

만, 예전에 흙집을 지었던 전통을 이어받아서 교회나 호텔 같은 것들이 지어지기도 했습니다. 우리가 생각하는 흙집은 작고 후줄근한 느낌이지만 호주의 쿠랄빈 리조트 같은 리조트도 흙으로 지어지고 있습니다.

학부모들이 요구해서 짓게 된 흙집 유치원인 발도르프 유치원(독일).

베를린 장벽이 무너진 곳에 옛 성당을 복원하면서 예전 성당의 돌과 흙을 사용해 만든 화해의 성당(독일).

기둥 등 주요 구조부가 흙으로 만들어진 쿠랄빈 리조트(호주).

왜 흙으로 집을
지어야 하나요?

● 2050년까지 유럽 여러 선진국들은 콘크리트의 80%, 알루미늄의 90% 이상을 안 쓰겠다고 선언했습니다. 그런데 흙이 아니면 어떻게 이 문제를 해결할 수 있겠느냐 하는 것이 유네스코 석좌프로그램 흙건축위원장 위고 위벤Hugo Huben의 말입니다. 왜 흙인가에 대한 고민들은 사실 저에게도 여전히 숙제입니다. 그런데 흙이 아니면 안 될 거라는 생각을 저도 똑같이 합니다. 하나하나 굳이 따져 보자면 우리 몸의 건강을 증진해 주고 실내 공기의 질이나 습도나 생명을 더 활성화해 주는 장점들, 사회적이고 자연적인 측면에서 보면 에너지를 적게 쓰게 하고 자원을 절약하게 해 주는 장점을 가진 건축 재료가 또 있을까 싶습니다. 제 개인적으로 흙에 빠졌던 것은 시멘트가 건강에 미치는 안 좋은 영향이라든지 시멘트를 만들 때 나오는 과다한 이산화탄소 배출량, 환경오염을 유발하는 그런 물질들의 대안이라는 점 때문이었습니다. 우리나라는 국민 1인당 시멘트 1t을 쓰는 나라입니다. 이산화탄소 발생량으로 봤을 때도 전 산업 분야의 이산화탄소 발생량 중 3분의 2가 건설 산업에서 나옵니다. 물론 대부분 시멘트 산업에서 나오는 것이죠. 그렇다면 이런 문제를 해결할 수 있는 방법은 흙이 아닐까 생각하는 거죠.

모든 물질은 자연으로부터 원료를 얻어서 가공해서 쓰는 것입니다. 목재는 20~30년 된 걸 쓰는 것이고, 흙은 몇십억 년 재료를 쓰는 겁니다. 그러면 이런 재료를 쓰는 것에 대한 예의가 있어야 하지 않을까, 함부로 대할 수 있는 건 아니다, 이런 의미에서 흙은 우리가 자연으로부터 갖다 쓰고 다시 자연으로 돌려줘야 하는 의무감을 가져야 할 재료입니다.

**흙이 좋은 건 많이 알려졌는데,
왜 사람들은 흙집을 많이 짓지
않을까요?**

● 저는 몰라서라고 생각합니다. 사람들이 흙이 좋다는 것을 많이 안다고 하는데, 실제론 그냥 좋겠지 하는 정도일 뿐 얼마만큼 좋은지를 경험해 보지는 못했습니다. 흙집을 경험한 사람들은 두 부류로 갈립니다. 하나는 내가 어렸을 때 경험했던 흙이 너무 좋아서 꼭 흙집을 짓고 살아야겠다고 생각하는 부류입니다. 또 다른 부류는 어릴 때부터 살아 봤는데 부서지고 구질구질하고 가난해 보여서 싫다, 이것을 벗어나는 것이 건강하고 모던한 삶을 사는 거라고 생각하는 부류입니다. 그래서 후자의 경우는 흙집을 잘 안 짓는데, 몸이 아프면 결국 짓게 되더라고요. 흙이 좋았던 사람들은 당연히 흙집을 짓습니다.

문제는 우리나라 주거의 절반 이상이 아파트이고 아파트를 벗어나서 땅을 사고 집을 지으려면 도시에서 벗어나야 한다는 현실적인 제약이 따른다는 것입니다. 현대인들에게 도시를 벗어난다는 것은 두려움이죠. 그래서 어쩌면 아파트를 흙으로 지으면 많이 입주하려고 할지도 모르겠습니다. 실제로 예전에 황토방 아파트를 짓는 지방의 중소 규모 건설사가 있었는데, 서울 근교에서 아파트를 분양할 때 삼성, 현대, 대우보다 먼저 분양이 됐었습니다. 그 정도로 폭발적인 인기를 끌었습니다. 그런데 지금은 왜 황토로 아파트를 짓지 않느냐? 지으려는 회사가 없기도 하거니와 지으려는 회사가 있더라도 과연 그게 적합할까 하는 생각을 합니다. 흙집을 짓는다는 것은 아파트 문화에서 주택 문화로 바꿔 가는 의미도 있기 때문입니다. 아파트와 일반 주택은 삶의 양식이나 생활 태도가 완전히 다른 주거 형태입니다. 물론 시간이 걸리겠죠. 하지만 시간이 갈수록 더 많은 사람들이 주택을 짓게 될 것으로 생각합니다.

집이란 무엇인가요?

● 언제부터 집이 만들어졌을까요?

건축에서는 두 번의 혁명이 있었다고 합니다. 첫 번째는 신석기 혁명입니다. 수렵 채취 생활에서 농경 생활로 바뀌는 시기이고, 이때부터 집이라는 걸 짓기 시작합니다. 전에 이동 생활을 할 때는 이동에 적합하지 않은 노인이나 어린이들은 두고 갔다고 합니다. 그러면서도 도덕적으로 죄책감을 느끼지 않았는데, 이유는 이동하는 과정에서 죽을 가능성이 높기 때문이었습니다. 그런데 정착 생활을 하게 되면서부터는 노인들의 지혜가 필요해졌고 자식들은 다음 세대에 노동력을 제공해 주는 사람들이기 때문에 중요해졌습니다. 그래서 신석기 혁명으로 가족이 만들어졌습니다. 가족의 탄생인 것이죠. 이 '가족'이라는 것은 우리말로 하면 '식구'이고, 식구는 같이 밥을 먹는 공동체입니다. 여기서 집이 시작되었습니다. 그러니까 집은 생존과 생활을 다 가능하게 해 주는 터전이라고 할 수 있습니다. 수렵 생활을 할 때는 먹을 것이 남지 않았지만, 농경 생활을 시작하면서는 남은 곡식을 저장도 해야 하고 다음 수확 때까지 먹기 위해 조금씩 나눠 먹는 등 시간 개념이 생겨났습니다. 그리고 저쪽하고 나하고의 공간적인 관계도 인지하기 시작했습니다. 이런 변화의 중심에 집이 있었던 거죠.

이렇게 집이란 형태가 만들어지고 건물도 만들어지고 산업혁명을 겪으면서 사람들이 도시로 모이게 됩니다. 그러다 보니 재밌는 현상이 벌어지게 됩니다. 기존에 누렸던 시간과 공간에 대한 생각들과 이웃과의 관계는 차순위가 되고, 효율적인 것이 우선시되기 시작한 것입니다. 좁은 공간에 많은 사람이 살면서 생존해야 하기 때문에 주거에서 가장 핵심적인 것, 즉 생존에 필요한 조건만 갖추기 시작한 겁니다. 한 예로 처음에는 따닥따닥 붙어 지어지던 집이 어느 순간 수직으로 올라가기 시작합니다. 이것이 아파트입니다. 집에는 마당도 있고 정원도 있고 집까지 가는 진입로도 있지만, 이런 것들은 생존의 조건이 아닌 거죠. 이전에는 나와 남의 관계를 생각하는 것이 집의 핵심이었는데, 이제는 나의 생존이 핵심이 된 것입니다.

사실 아파트에 살면 편리하긴 합니다. 집을 유지하는 데 손 하나 까딱 안 해도 되니까요. 그런데 일반 단독주택은 그런 걸 허락하지 않습니다. 뭔가 자기가 계속 움직여야 하죠. 하다못해 마당의 잔디라도 깎아야 하고 풀이라도 뽑아야 합니다. 비 오면 비 단속해야 하고, 겨울에 눈 오면 수도계량기에 뭐라도 넣어 동파도 막아야 하고 등등 뭐라도 해야 합니다. 하지만 아파트는 그럴 필요가 없습니다. 저희 어머니가 계속 한옥, 단독주택에만 사시다가 연세 드셔서 처음 아파트로 모셨는데 "너무 신기하다. 가만히 있어도 집이 돌아가는 게 너무 신기하다"고 하셨습니다. 많이 답답해하셨지만 말이죠.

**주거 문화에서 흙집과 같은 주택과
아파트는 어떻게 다른가요?** ● 아파트를 친환경적으로 지을 수는 없습니다. 지금보다 환경을 덜 공격하게는 할 수 있어도 친환경은 불가능합니다. 친환경 공해라는 말은 없지 않습니까? 예를 들면 도시 문화도 그렇습니다. 예전에는 건물이 한 채 지어지고 또 한 채 지어지면서 자연스럽게 마을 길이 생기고 이웃과의 관계가 생겼다면, 아파트는 어느 날 한꺼번에 다 부수고 짓는 것입니다. 길은 없고 복도만 있는 거죠. 주거지지만 '집'은 아닙니다. 내가 사는 '방' 정도라고 부를 수 있겠죠. 집이란 모름지기 마당, 거리, 이웃, 마을……, 이런 식의 관계성을 가지고 있는 것인데 아파트는 이 가운데 가장 핵심적인 딱 하나만 충족시킵니다. 사람이 먹고사는 것이요. 그러나 이것이 주거의 모든 것은 아닙니다. 요즘 사람들이 주말에 야외에 나가거나 가든에서 고기를 굽거나 캠핑을 많이 하는 이유도 예전 주거DNA에 대한 향수라고 봅니다. 주말에 뒹굴뒹굴 자다가 TV 보다가를 반복하다 노래 가사처럼 일요일이 지나가는 소리가 들리면 마음속에서 '아, 내가 이렇게 살아도 되나?' 하는 생각이 듭니다. 내가 내 집에서 편하게 쉬는데 그게 '이렇게 살아도 되냐'는 불안한 죄책감이 되면 그건 주거가 아닌 겁니다. 단독주택이나 전원주택에서 사는 분들은 아침에 일어나서 풀 뽑고 잔디 깎고 텃밭 가꾸고 저녁이면 아이고 어깨야 허리야 하지만 그렇다고 내가 왜 이렇게 살고 있지? 하는 생각을 하지는 않는다고 합니다. 굉장히 다른 문화인 거죠.

흙집의 효능

**흙이 몸에 좋은
이유가 뭔가요?**

● 흙은 약산성입니다. 이것이 토양에 미치는 영향은 직접적인데, 아직 의학적으로 인체에 어떤 영향을 주는지는 구체적으로 밝혀지지 않았습니다. 몇 가지 추론은 가능한데, 흙이 가지는 성분들 때문에 원적외선이 많이 나온다, 음이온이 많이 발생한다, 이런 것들이 몸에 좋은 영향을 줄 것이라는 점입니다. 우리 몸에는 수분이 많으니까 원적외선이 나옴으로써 세포 활성화 등을 통해 우리 몸의 근본적인 변화를 일으킬 수 있고, 또 음이온은 호흡하는 공기의

흙을 현미경으로 살펴보면 다공성의 조직들로 이루어진 것을 알 수 있습니다.

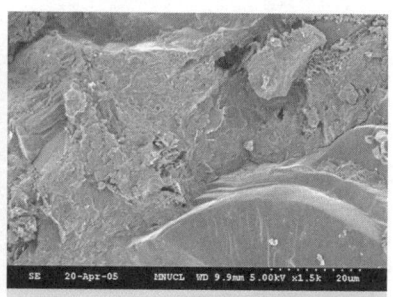

시멘트를 현미경으로 살펴보면 경질의 조직으로 이루어진 것을 알 수 있습니다.

질을 좋게 해 주니까 이런 것들 때문에 황토가 가지는 수많은 좋은 점들이 나타난다고 보입니다. 흙과 시멘트를 전자 현미경으로 살펴보면 조직 구조가 확연히 다른 것을 알 수 있습니다.

흙집에서 누릴 수 있는 효과는 어떤 것들이 있나요?

● 흙으로 집을 지었을 때 누릴 수 있는 효과들은 크게 두 가지로 나눌 수 있습니다. 첫째는 우리 몸에 주는 영향, 두 번째는 우리가 살고 있는 지구 환경에 좋은 것입니다. 우리 몸에 좋은 것은 쥐 실험을 해 보면 알 수 있습니다. 생명 활동에 좋은 영향을 주는 것이죠. 실내 공기의 질을 좋게 한다든지, 냄새를 없애 주는 효과가 탁월하다든지, 원적외선이 많이 나와서 건강에 좋은 게 있고요. 두 번째로 지구 환경에 좋은 점은 기존의 콘크리트나 철 등 건축 재료들이 많은 에너지를 써서 만들어진 데 비해서 흙은 그런 과정이 별로 없기 때문에 지구 환경에 훨씬 해가 적다는 점입니다. 특히 이산화탄소 문제의 경우 시멘트 1t을 만들어 낼 때 이산화탄소 1t 정도가 발생하기 때문

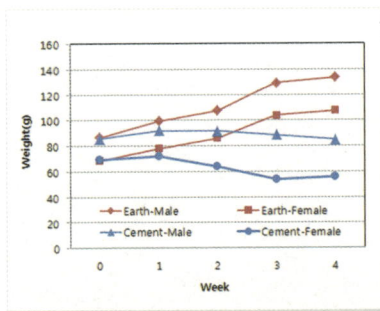

생쥐 성장 실험. 시멘트집과 흙집에서 생쥐를 키우는 실험을 해 보면 흙집에서 성장이 월등히 좋습니다.

생쥐 선호도 실험. 흙집과 시멘트집을 만들고 생쥐를 키우면 모든 생쥐가 흙집 쪽으로 이동하는 것이 보입니다.

에 그런 측면에서 시멘트를 조금이라도 덜 쓰고 흙을 조금이라도 더 쓰면 우리가 살아가는 지구 환경에 좋은 거죠.

흙에서 정말 원적외선이 나오나요?

● 그럼요. 원적외선은 기본적으로 광물질이면 다 나옵니다. 돌이든 흙이든 심지어 시멘트에서도 나옵니다. 결국 얼마만큼 나오느냐 하는 문제인데, 흙에서는 대부분 93~95%가 나옵니다. 어떤 것은 96%까지도 나오고요. 반면에 시멘트는 60% 정도 나옵니다. 하지만 이 정도는 거의 안 나온다고 볼 수 있기 때문에 인체에 좋은 영향을 미치는 수준은 아닙니다. 인체에 좋은 영향을 미치려면 기본적으로 90% 이상은 되어야 합니다.

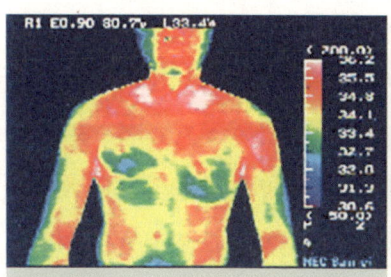

흙집에서 있을 때 원적외선 방사율(94%)이 높아 몸이 따뜻해진다는 것을 알 수 있습니다.

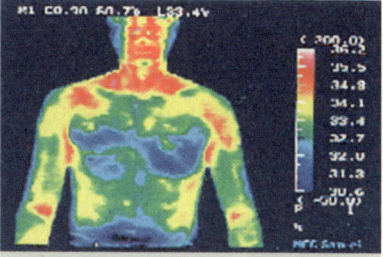

시멘트집에서 있을 때 원적외선 방사율(85%)이 낮아 몸이 찬 것이 보입니다.

흙집이 아토피에 좋다는데 정말 그런가요?

● 김제시에 있는 대안학교인 지평선중학교의 경우 교실과 기숙사가 흙으로 마감되어 있습니다. 학생들이 기숙사 생활을 할 때는 아토피로 고생하지 않고 잠을 잘 자는데, 집에만

가면 긁어댄다고 합니다. 그래서 애들이 집에 잘 안 가려고도 한답니다.

아토피란 원인도 이유도 알 수 없는 많은 질병이란 뜻이라고 합니다. 의료계에선 흙집 하나만 가지고 아토피가 어떻게 됐다고 평가하는 데 조심스러워하지만, 대체로 동의하는 바는 호흡과 음식이 중요한 요소라는 점입니다. 유기농으로 된 음식을 먹는 것도 중요하고, 호흡에서 가장 중요한 실내 공기의 질을 흙집이 좋게 만들어 주는 역할을 하니까 그것으로 인해 아토피에 좋은 것 같습니다. 또 흙을 쓴다는 말은 기존의 인공적인 재료들, 즉 VOC(휘발성 유기 화합물) 같은 환경 호르몬이 나와 실내 공기를 몹시 나쁘게 만드는 인공적인 재료를 쓰지 않는다는 의미이기도 해서 더더욱 그런 것 같습니다.

흙집의 전자파 차단 능력은 어떤가요?

● 흙집의 전자파 차단 능력은 굉장히 좋은 것으로 알려져 있습니다. 실제로 독일에서는 한창 연구가 진행 중인데, 흙집에서 전자파가 얼마나 차단되는가를 실증적으로 연구하고 있습니다. 지금까지의 결과들을 보면 거의 만족할 만한 수준의 차단 효과가 있다고 합니다. 유해 전자파를 차단하는 성능이 좋다고 알려져 있습니다. 독일의 연구가 끝나서 데이터가 나오면 자세히 알 수 있을 것입니다.

흙에서 라돈이 나온다는 보도가 있었는데, 인체에 해롭지 않은가요?

● 라돈이라는 것은 자연 방사능입니다. 흙뿐만이 아니라 시멘트 같은 무기물에서 나오는 물질인데, 라돈

은 기본적으로 반감기가 굉장히 짧습니다. 반감기란 방사성 물질을 측정하는 지수인데, 유출된 방사선량이 반이 되는 시간을 말합니다. 100이면 50, 50이면 25, 이런 식으로 줄어드는 시간을 말하는데, 이 반감기가 길면 방사능이 계속 남아 있다는 뜻이 됩니다. 그런데 라돈은 이 반감기가 굉장히 짧습니다. 또 자연 상태에서는 금방 없어집니다. 그래서 흙을 퍼다 놓으면 그냥 없어진다고 생각하면 됩니다. 채광과 환기가 잘 되는 곳이라면 별문제가 없습니다. 우리 조상들은 좋은 집의 조건으로 햇볕 잘 드는 세칸집(陽用三間)을 이야기했는데, 이런 것과도 관계가 있는 게 아닌가 싶습니다.

라돈이 문제가 되는 것은 자연채광과 환기가 잘되지 않는 지하 공간입니다. 지하철 역사나 지하상가 같은 곳이지요. 특히나 콘크리트로 되어 있는 곳이 더 문제가 되는데요, 이런 곳의 라돈 수치는 법적 기준을 통해 관리하게 되어 있습니다.

흙집의 방음 성능은 어떤가요?

● 흙집의 흡음 성능은 굉장히 좋습니다. 나무나 철은 진동 문제 때문에 소리가 굉장히 잘 전달이 되는 반면, 흙은 소리를 흡수하는 능력이 거의 완벽한 수준입니다. 콘크리트보다도 방음이 잘됩니다. 철보다 나무가 좋고, 나무보다 콘크리트가 좋고, 콘크리트보다 흙이 좋은데 그 이유는 다공질일수록 방음 성능이 좋기 때문입니다. 실제로 이러한 특징을 이용해서 킨텍스 같은 곳에서도 흡음성 있는 흙벽돌을 이용하기도 합니다. 방음을 위해서는 흙벽이 두꺼울수록 좋습니다.

흙의 축열 능력은 어느 정도 되나요?

● 축열 능력은 열을 저장하는 능력입니다. 비열이라는 게 있는데, 비열은 어떤 물체의 온도를 1°씩 올릴 때 필요한 열의 양을 말합니다. 비열이 높은 재료가 열용량이 높은데, 제일 높은 것이 물입니다. 그리고 그다음이 흙입니다. 철은 축열이 안 됩니다. 그래서 금방 뜨거워졌다 금방 식습니다. 쉽게 생각하면 축열 능력이 좋다는 것은 천천히 데워지고 천천히 식는다는 것입니다. 우리나라 구들장은 불을 때면 방바닥(흙)이 열을 저장했다가 서서히 계속해 열을 내줍니다. 대표적인 축열 구조인 것이죠. 중국에서는 비닐하우스에 흙벽을 이용하기도 합니다. 비닐하우스 북쪽에 흙벽을 만들어서 낮에 햇볕이 들어올 때 흙벽이 열을 저장하고 있다가 기온이 떨어지는 낮에 열을 발산해서 작물들이 얼지 않게 하는 것입니다. 물론 비열이 더 높은 물을 이용하면 좋겠지만 그렇게 할 수 없으니까 흙으로 하는 게 좋겠습니다.

축열성 실험을 하는 모습. 이러한 성질을 이용해 구들 같은 획기적인 난방 방식이 탄생하게 되었을 것입니다.

**흙집을 짓지 않고도 기존의
집에서 흙의 효과를 볼 수 있는
방법은 없나요?**

● 원론적으로 모든 벽을 흙으로 하는 것이 가장 바람직하지만, 여건이 여의치 않으면 흙을 일부분 써서 흙의 효과를 볼 수 있습니다. 그렇다면 어디에 흙을 쓰는 것이 좋으냐? 그것은 표면입니다. 실내죠. 사람들과 직접 맞닿는 부분에 흙을 쓰는 것이 좋고, 거기에 1~2cm 정도 흙으로 미장을 하게 되면 흙이 인체에 주는 좋은 영향의 대부분을 얻을 수 있습니다. 예를 들어 실내 공기의 질은 바깥에 있는 공기가 흙벽을 타고 들어온다기보다 실내 공기가 흙 속에 들어가서 정화되어 나옵니다. 그래서 표면 부분에 흙을 쓰는 게 중요하다고 말씀드릴 수 있습니다. 그런데 미장을 할 여건도 안 되면 흙페인트, 흙칠이라도 하면 다소 도움이 됩니다. 기존의 VOC가 나오는 벽지 대신 흙페인트를 발라 주면 훨씬 좋습니다. 실제로 이렇게 흙페인트라도 칠한 사람들은 시각적, 감각적으로 느끼는 것 때문인지 나중에 흙집을 짓는 경우가 많습니다.

흙미장을 한 아파트의 실내 모습. 1cm 정도로 미장만 하여도 흙의 다양한 효과를 누릴 수 있습니다. 흙미장재는 흙으로 직접 만들거나 100% 흙으로 된 제품을 사용하는 것이 좋습니다.

흙페인트를 칠하는 모습. 흙페인트는 시공이 간단하고 흙의 느낌을 느낄 수 있어 많이들 시공합니다. 흙과 밀가루(감자전분)로 직접 만들거나 흙과 천연 풀로 제조된 것을 사용하는 것이 좋습니다.

흙집에 대한 오해와 진실

흙집은 오래가지 않는다는데 정말 그런가요?
● 흙집은 오래갑니다. 현재 만 년 된 것도 있고, 천 년 된 것도 있습니다. 우리 민가 쪽에서 흙집은 오래가지 않는다고 말하는 것은 뭔가 허물어질 것 같고 부서질 것 같은 느낌이 있었기 때문입니다. 그것은 어떤 이미지 같은 것이고 실제로는 오래갑니다. 왜냐하면 시멘트 같은 것은 이론상으로 100여 년 정도밖에 가지 못하는 데 반해서 흙집은 이론상으로 만 년 이상 가도 문제가 없거든요. 흙의 부스러지고 약하다는 이미지는 흙 표면부가 약해서 자꾸 부스러지는 것 때문에 생긴 것 같습니다. 그러니 표면부만 잘 정리하고 보완해 주면 오래갑니다.

흙집은 계속 보수해야 한다던데요?
● 완전히 틀린 말입니다. 계속 보수를 해야 한다면 그건 집이 아니고 공사판인 거죠. 완성된 집은 편히 쉴 수 있어야 집입니다. 사람이 공사판에서 살 수는 없지 않습니까. 그러니

까 흙집을 계속 보수해야 한다는 것은 둘 중의 하나입니다. 흙집을 폄하하기 위해서 누군가 의도적으로 말하거나, 아니면 흙 기술이 없는 사람이 엉터리로 지어 놓고 자기를 변호하기 위해서 하는 말입니다.

물론 옛날 흙집은 계속 보수해서 써야 했습니다. 그러나 그건 옛날이야기입니다. 기술이 발전한 현대에 와서 짓는 흙집은 문제없습니다. 예전의 흙집이 많이 부스러져 내린 이유는 배합을 잘하지 못해서 생긴 일입니다. 배합을 잘하지 못하니까 표면에 문제가 생기고, 문제가 생길 때마다 자꾸 뭘 덧발랐던 것이죠. 그렇게 흙을 한 번 더 바르거나 도배를 하거나 풀을 바르거나 등등 계속 뭔가를 했습니다. 하지만 지금은 균열이 가지 않는 배합법이 연구되었고, 여기에 맞춰서 하면 부스러져 내리지 않습니다. 간혹 배합을 잘하더라도 시공상의 문제로 부스러져 내리는 경우가 있다고 해도 표면 마감 처리를 하면 그럴 일이 없습니다.

흙으로 지으면 흙 색깔만 낼 수 있나요?

● 그렇진 않습니다. 흙 색깔이 워낙 많으니까요. 기본적으로 우리나라는 황토색 같은 색이 주종입니다. 하지만 색깔을 바꾸는 것도 얼마든지 가능합니다. 천연 안료 같은 것을 섞으면 색깔이 바뀌니까 빨주노초파남보 어떤 색깔이든 가능합니다. 흰색도 가능하죠. 도자기 만드는 흙이 다 흰색이잖아요. 백토에 철분이 많이 들어간 것이 황토고요. 그러니까 여건에 맞춰서 색깔을 만드는 것이 제일 좋습니다. 색깔을 바꿔도 흙의 효능에는 별 차이가 없습니다. 저한테 너희 집은 어떻게 지을 거냐고 물어보신다면, 저는 그냥 흙색 그대로 하는 게 제일 예쁜 것 같습니다 하고 답할 겁니다. 사람마다 다르죠. 이건.

다양한 색깔의 흙벽돌들. 흙은 굽지 않고 사용하므로 다양한 색상을 나타낼 수 있습니다. 일반적으로 사용되는 구운 벽돌은 굽기 때문에 (흙벽돌이 아니지만) 붉은색 위주로 만들어집니다.

여러 색을 넣어서 색상의 변화를 준 흙다짐벽. 다질 때 자신이 원하는 색을 넣어서 만들게 됩니다.

한옥과 흙집은 어떻게 다른가요?

● 기본적으로 흙으로 지어진 집이 흙집입니다. 한옥은 분류학상으로 보면 구조적으로는 목조주택에 가깝습니다. 힘을 받아주는 기둥, 서까래가 나무로 만들어져 있어서 구조적으로는 목조주택에 가까운 거죠. 하지만 학계에서는 한옥도 흙집의 한 종류로 봅니다. 그 이유는 '흙건축이란 흙이 주요한 기능을 하는 건축'으로 정의하기 때문입니다. 한옥은 뼈대를 나무가 잡아 주지만 바닥, 벽, 지붕 어디든 흙이 안 쓰인 곳이 없습니다. 기능적인 측면에서 흙이 기능하고 있어서 한옥은 흙집이라고 볼 수 있습니다.

여담이지만, 그럼 목조주택과 한옥은 어떻게 다르냐? 나무가 쓰였다는 점에서는 똑같지만, 나무만 쓰인 집이냐 흙과 같이 쓰인 집이냐의 차이가 있습니다. 한옥은 나무가 구조를 잡아 주고 기능은 흙이 하는 구조라고 볼 수 있는 거죠. 격하게 얘기하자면 사람 몸에 좋은 흙으로 기능하고 싶은데, 흙으로 잘 안 되니까 나무를 썼다고 이렇게도 말할 수 있습니다. 어쨌든 목조주택과 다른 점은 흙이 주요한 기능을 하느냐 여부입니다. 요즘에 잘 모르고 한옥을 나무로만 짓는 경우도 간혹 있는데,

그건 엄밀하게 말해서 한옥이라기보다는 목조주택에 가깝습니다. 그래서 한옥을 목조주택이냐? 라고 하면 많은 한옥 학자들은 절대 아니라고 얘기해요. 그럼 한옥이 흙집이냐? 그것도 갸우뚱할 겁니다. 흙건축 하는 사람들은 당연히 한옥을 흙집이라고 하겠지만요. 그런 점에서 한옥은 독특한 지위를 가지고 있습니다. 나무와 흙이 결합한 집을 한옥이라고 할 수 있습니다.

흙집은 우리나라에만 있나요?

● 아닙니다. 흙집은 전 세계에 분포되어 있고, 지금도 전 세계 인구의 절반 정도가 흙집에 살고 있습니다. 몹시 추운 북극과 남극을 제외한 대부분 지역에 흙집이 있다고 볼 수 있는 것입니다. 나무가 없는 나라는 많은데 흙이 없는 나라는 없으니까요. 그래서 흙집을 지을 수 있고 지어 왔고 지금도 살고 있다고 보면 되죠. 극지방에 흙집이 없는 것은 그곳에도 흙은 있겠지만 얼음으로 둘러싸여 있어서 어떻게 할 수 없어서 그랬을 겁니다. 아마.

현재 전 세계 인구의 절반은 흙집에서 살고 있습니다. 그림은 지역별 주요한 흙건축 관련 활동을 표시한 것입니다.

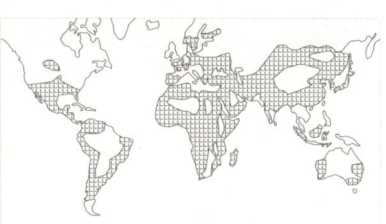

그림은 흙집 분포를 나타내는 프랑스 흙건축연구소의 자료를 정리한 것입니다.

흙집은 1층밖에 못 짓나요?

● 현재 남아 있는 것들을 보면 53m 짜리 건물이 두 채 있습니다. 53m면 20층 가까이 됩니다. 물론 철근을 쓰지 않고 100% 흙으로만 그렇게 지었습니다. 알함브라 궁전도 그런 예고요, 이란의 사원도 그렇습니다. 흙건축에 있어서 높이에 대한 제한은 사실 없습니다. 2017년 하반기부터 모든 신축 건물은 내진 구조를 적용하도록 예고되어 있어서 일반적인 내진 구조, 그러니까 안에 철근이라든가 이런 구조들을 접목하면 높이 제한 없이 지을 수 있습니다.

스페인 알함브라 궁전. 현존하는 흙건축으로는 가장 높은 건물입니다. 알함브라란 붉은 건물이라는 뜻이라고 하는데, 흙으로 지어진 건물이 저녁노을에 비쳐서 그런 이름이 붙었다고 합니다.

현재 남아 있는 것 중 세계에서 가장 높은 53m 흙건축물인 이란의 시밤의 사원탑을 스케치한 모습입니다.

흙으로 지으면 곰팡이가 생기지 않나요?

● 흙으로 지었는데 곰팡이가 생기는 문제는 마감재인 미장재에서 많이 생깁니다. 사실 미장재의 경우 외

부에 할 때는 석회를 섞어서 하면 곰팡이가 발생하지 않습니다. 그런데 실내의 경우 100% 흙으로만 하니까 당연히 생물이 서식하기 좋은 환경이 됩니다. 특히 언제 그런 상황이 많이 발생하느냐 하면 미장하고 금방 마르지 않았을 때입니다. 습기가 많아서 마르는 데 2~3일씩 오래 걸리게 되면 축축한 흙 안에서 당연히 곰팡이도 피고 심지어 싹이 나는 경우도 있습니다. 그래서 제일 좋은 방법은 미장하고 나서 하루 이틀 사이에 얼른 건조시키는 것입니다. 봄가을에는 문제없는데 여름에는 눅눅하니까 창문을 다 열고 선풍기를 틀어 놓는다든지 건조에 신경을 쓰면 곰팡이를 막을 수 있습니다.

또 한 가지는 흙미장에 피는 곰팡이와 일반 아파트에서 피는 곰팡이가 다르다는 것입니다. 아파트에 피는 곰팡이는 주로 단열 문제 때문에 생기는 곰팡이입니다. 단열에 문제가 생기면 열교가 생기고, 열교가 생기면 결로가 생긴다, 결로가 생기면 수분이 모인다는 뜻이고 거기에는 곰팡이가 피게 되어 있다는 것입니다. 이때는 검은색 곰팡이가 피는데 이럴 경우 곰팡이 제거제를 뿌린다고 해결되지 않습니다. 단열을 점검해 봐야 하는 문제이기 때문입니다.

하지만 흙에서 피는 것은 좀 다릅니다. 물론 흙집에서도 단열에 문제가 생기는 곳에서는 그런 문제가 생기지만, 대부분의 경우 흙집은 천연재료를 사용하다 보니 생기는 곰팡이입니다. 그럴 때는 잘 건조시켜 줘야 합니다. 그런데도 생겼다고 하면 약국에서 파는 과산화수소수를 스프레이로 뿌려 주면 대부분 없어집니다. 그걸로 안 되면 붕산을 물에 녹여서 뿌리면 됩니다. 곰팡이 종류에 따라서 대부분 과산화수소수면 되는데 안 되는 것들은 붕산으로 하면 됩니다.

**흙집에는 벌레가
많지 않나요?**

● 좋은 의미로 자연 재료로 만들어진 집이라 벌레도 좋아해서 많다는 얘기가 예전에 있었는데, 요즘 사회적으로 쓰이는 의미는 악의적인 것 같습니다. 흙집을 지으면 벌레가 많다는 것은 흙집을 대부분 시골에 짓기 때문에 시골에 이런저런 벌레가 많아서 그런 것이지 흙집이라고 특별히 벌레가 더 많지는 않습니다. 서울 아파트와 시골 아파트가 어떨지 생각해 보면 될 것 같습니다.

좋은 흙집을 짓기 위한 준비

흙집을 짓기 전에 생각해 봐야 할 조건이나 요건이 있다면 어떤 것들이 있을까요?

● 흙집을 짓기 전에 사람들이 무슨 생각을 할까? 해야 하는가? 꼭 흙집이 아니어도 집을 지으려고 한다면 기존 아파트 문화에 익숙해진 것을 깨야 합니다. 아파트는 지어진 집을 내가 구매하는 겁니다. 그러니까 이 집이 나하고 어떻게 맞는지보다는 지어진 집 중에서 그나마 내가 선택을 하는 정도인 것이죠. 하지만 집을 짓는다는 건 다릅니다. 집을 짓는다는 것은 내가 어떤 삶을 살고 있는지 잘 생각해 봐야 하는 일입니다. 예를 들면 남자들의 로망 중의 하나가 서재인데 넓은 서재가 있어서 맘껏 책도 보고 명상도 하는 이런 공간이 있었으면 좋겠다, 또는 우리 안사람은 그림 그리는 걸 너무 좋아하니까 그림 그리는 공간이 있었으면 좋겠다, 이런 식으로 내가 어디에서 가장 많은 시간을 보내며 사는가 하는 것과 앞으로 어떠한 것에 시간을 가장 많이 들이면서 살려고 하는가를 잘 생각해서 거기에 맞게 지어야 합니다. 근데 사실 이게 어렵습니다. 왜냐면 그런 생각을 해 본 적이 없기 때문입니다. 우리는 업자들이 지어서 파는 것을 사는 데만 익숙하지 내가

어떤 삶을 살고 어떤 부분이 필요한지 생각하는 훈련을 해 본 적이 없습니다. 그래서 저는 집을 지으려는 시점이 있으면 무조건 그것보다 1년 후에 지으라고 말합니다. 그동안에 공부도 하고 얘기도 들어보고 이런저런 생각도 더 해 보면서 진행하는 게 좋기 때문입니다. 그다음에는 적합한 설계자를 찾는 것이 순서인데, 보통은 설계자부터 덜컥 결정합니다. 이러면 휘둘릴 수밖에 없죠.

가서 보고 참고할 만한 흙집이 있나요? ● 대표적으로 지평선중고등학교가 있습니다. 여러 가지 흙건축 기법들이 적용되어 있어서 한번 가서 보시면 좋을 것 같습니다. 주거로 볼 만한 것은 목포 흙건축 마을입니다. 목포대학교 뒤에 있는 흙건축 마을에 가서 보시면 좋은 참고가 될 것 같습니다. 물론 산발적으로 여기저기 흙건축물이 많이 지어져 있긴 한데, 워낙 떨어져 있고 외진 데 있어서 찾아가기가 쉽지 않습니다. 반면에 흙건축 마을에는 다양한 형태의 집들이 있어서 참고하시기 좋을 것 같습니다. 더불어 목포대학교 실습장에 가 보시면 학생들이 여러 가지 실습해 놓은 재밌는 것들도 있으니까 역시 참고하시면 좋겠습니다.

흙으로 지으면 진짜 싼가요? ● 결론부터 얘기하면 흙으로 지으면 쌀 수도 있고 비쌀 수도 있습니다. 집값을 구성하는 것은 어떤 집을 짓든지 재료비 절반하고 인건비 절반으로 구성됩니다. 그러니까 자기가 직접 지으면 이론상 절반 가격으로 가능한 거죠. 이건 시멘트집이든 흙집이든 마찬가지입니다. 그런데 시멘트집은 자신이 직접 참여하는 게 쉽지 않고 엄두도 나지 않지만, 흙집은 자신이 직접 참여해 지을 수 있기 때문에 그런 의미에서 싸게 지을 수 있습니다. 이론상 절반 가격으로 지을 수 있는 거죠. 하지만 현실적으로 내가 참여하기 힘들다면 흙집의 재료들이 기존의 시멘트 등 화학 재료보다 비싸기 때문에 싸게 짓기 쉽지 않습니다. 음식을 예로 들면 유기농 제품이 더 비싸잖아요. 당연히 옷도 인공 섬유보다 천연 섬유가 더 비쌉니다. 이런 것처럼 흙과 관련된 흙 제품들은 재료비가 인공 재료보다 비쌉니다. 흙으로만 짓는 게 아니라 흙에 관련된 단열재든 뭐든 전부 다 친환경 재료나 몸에 좋은 재료들을 쓰고 싶어 하는데 그런 재료들은 기본적으로 비쌉니다. 그래서 재료 자체는 기본적으로 비쌀 수밖에 없습니다. 그러니까 이런 식으로 따지면 비싸지는 거죠. 그래서 집을 얘기할 때 재료비 절반, 인건비 절반이라고 하면 재료비 부분에서는 기본 재료들보다 비싸다, 인건비 측면에서는 내가 참여할 수 있는 만큼 값은 내려간다, 그렇게 보시면 될 것 같습니다.

건축비는 평당 얼마나 필요한가요?

● 흙집의 평균 단가를 묻는 분들이 많은데요, 콘크리트나 철골 건물은 한 가지 방법으로 짓는 것이기 때문에 평당 단가가 얼마인지 나옵니다. 하지만 흙집은 공법이 굉장히 여러 가지가 있기 때문에 공법에 따라서 가격이 천차만별입니다. 이것이 첫 번째 이유이고, 두 번째는 자기가 그 흙집 짓는 데 참여하느냐 안 하느냐에 따라서 건축비가 많이 달라집니다. 콘크리트나 철골로 집을 지을 때는 애초에 참여할 생각을 하지 못합니다. 그런데 흙집은 내가 참여할

수 있다고 생각하고, 실제로 많이 참여합니다. 그렇게 참여하게 되면 그만큼 싸지는 것이 흙집입니다. 보통 건축비는 자재 반 인건비 반이라고 보면 되는데, 자기 노동력을 들이면 인건비가 빠지니까 싸지는 것이고 그러면 반값 집이 가능한 것이 되지요.

싸고 좋은 흙집을 짓는 방법은 무엇인가요?

● 싸고 좋게 하는 방법을 찾기 위해서는 공간에 대한 생각의 전환이 필요합니다.

첫 번째가 '공간의 분리'입니다. 우리 전통 건축에서 보면 한옥의 중요한 특징 중 하나가 북방식 주거(겨울 집)와 남방식 주거(여름 집)가 결합한 것입니다. 한옥을 살펴보면 대부분이 구들방과 대청/마루가 있는 모양입니다. 대청/마루 없이 구들방만 있는 집은 거의 없습니다. 중국 전통주택과 일본 전통주택과는 다른 한옥의 중요한 특징입니다. 북방식 주거(겨울 집)는 온돌로 대표되는 추위에 강한 구조이고, 남방식 주거(여름 집)는 대청으로 대표되는 더위에 강한 주거 형태입니다. 봄, 여름, 가을에는 대청과 안방을 다 쓰고, 겨울에는 대청은 못 쓰고 안방만 쓰는 겁니다. 그러면 일단 겨울에는 안방만 쓰니까 난방비가 줄고 여름이면 시원하게 다 쓸 수 있습니다. 이런 개념을 현대에 접목하면 북방식 주거인 온돌 있는 방은 패시브 하우스처럼 돈이 많이 들어가는 단열이 잘되는 공간으로 지어야 합니다. 평당 700만 원까지도 듭니다. 대신 대청이나 마루 등은 기둥 4개와 지붕만 있으면 되니까 굉장히 저렴하게 지을 수 있습니다. 예를 들어 내가 30평을 짓는다고 할 때 30평 전부 다 패시브 하우스로 지으면 비용이 많이 듭니다. 그런데 우리 전통 건축의 겨울 집-여름 집 개념을 잘 활용한다면 절반 정도는 겨울 집으로 지어서 추

위에 잘 견딜 수 있게 하고, 절반은 대청처럼 지어서 여름에 시원하게 쓰는 집으로 구상하면 난방비도 절반으로 줄고 건축비도 거의 절반 가까이 줄일 수 있습니다. 우리가 아파트에 살다 보니 이런 건축DNA에서 벗어나 여름에는 집 전체를 다 냉방하고 겨울에는 집 전체를 다 난방하는 주거 형태를 가지고 있는데 합리적이지 않습니다. 그래서 겨울 집-여름 집 개념의 전통 건축의 특징을 잘 살리면 좋을 것 같습니다. 이에 관해 더 자세히 살펴보시려면 박수정 건축사의 〈한옥의 공간구성원리에 기반 한 원가절감형 흙집 프로토타입 제안〉이라는 논문을 보시면 좋겠습니다.

전통 건축의 겨울 집-여름 집 개념을 도입하여 한국흙건축학교에서 흙집 짓기 교육으로 지은 흙집. 7일이라는 짧은 일정이어서 10평 규모로 지었는데, 이런 것을 활용하여 자신의 상황에 맞는 집을 지으면 될 것 같습니다.

또 한 가지가 '작은 집'입니다. 정말 나한테 맞는 집이 어느 정도 크기인가 하는 건 자기만이 알 수 있습니다. 내가 어떤 삶을 살 것이냐, 어떤 지향을 갖고 살 것이냐, 이런 것들에 대해서 생각해 보면 내가 집을 어디까지 줄일 수 있을지도 알 수 있습니다. 일반적으로 집을 짓는다고 하면 30평 정도를 그려 놓고 이것저것 분리를 하는데, 그렇게 하지 마시고 줄여 보기를 제안합니다. 최대한 내가 가장 작게 줄이면 어디까지 줄여 쓸 수 있는가, 짐도 어디까지 줄일 수 있는가, 그렇게 했을 때 정말 꼭 있어야 되는 공간까지 줄여 본 다음에 있으면 좋은 공간이 어떤 건지 늘려 보는 거죠. 그러면 정말 나한테 필요한 집의 구조, 집의 형태, 집의 크기가 나옵니다. 이렇게 생각하다 보면 크다고 좋은 게 아니라는 것을 알게 됩니다. 업자들이 "시골에서 시원하게 30, 40평 짓고 사시죠"라고 얘기하면 혹하게 되는 이유가 워낙 작은 공간에서 쪼들리게 살아서입니다. 시골에서는 널찍하게 살고 싶고, 또 사람들이 찾아와서는 도시에 살다가 시골로 왔으면서 이렇게 작은 집을 짓고 사느냐는 얘기도 듣기 싫고 하다 보니까 자꾸 크게 짓게 됩니다. 그런데 집 크면 청소하기 힘듭니다. 괜히 쓸데없는 공간 때문에 집을 늘려서 짓는 게 아니라 정말 나한테 잘 맞는 집을 지으면 눌려 사는 집이 아니라 누리면서 사는 집이 됩니다. 우리 조상들 중 건축에 정통했던 분들은 햇볕 잘 드는 세칸집을 건축의 이상으로 상정하였습니다. 아흔아홉간 집을 내세우는 것은 권력이나 부를 드러내려는 졸렬한 사람들이나 하는 것이란 뜻이지요. 집이란 주인의 품격을 드러내는 것이라 여겨 과하지 않고 질박한 삶을 살 수 있는 건축을 중시했던 것입니다. 이러한 '작은 집'을 짓는 것은 최근 미국에서 스몰하우스 운동으로 퍼지고 있고 각국에서 미래 사회의 건축적 대안으로 활발히 진행되고 있습니다. 좀 더 살펴보시려면 한국흙건축학교의 전문가 과정 논문인 〈작은 집의 함의로 고찰한 흙건축의 가치〉라는 논문을 보시면 좋을 듯합니다.

여럿이 함께 흙집을 지으려고 합니다. 비용을 절감할 수 있는 방법이 없을까요?

● 코하우징co-housing이라고 하는 공간의 공용 개념을 활용할 수 있습니다. 두 내외가 사는데 30평짜리 집을 짓는다고 할 때, 왜 그게 필요하냐고 물어보면 절반 정도가 20평이

면 충분한데 손님도 찾아오고 자식도 찾아오니 방이 더 있어야 한다고 말합니다. 그런데 생각해 보면 손님이나 자식이 일 년에 몇 번이나 찾아옵니까? 집은 365일 사는 사람을 위한 것입니다. 그러면 365일 사는 사람의 방과 1년에 3~4일 오는 사람의 방이 같은 비용으로 지어지는 건 불합리하다고 생각합니다. 분리할 필요가 있는 거죠.

그러면 어떻게 분리해야 하느냐? 예를 들어 열 집이 모여서 각각 30평씩 지으면 30평 값을 다 내고 지어야 하는데, 15평 정도를 짓고 나머지는 마을 가운데에 50평짜리 큰 집을 짓는 것입니다. 그리고 그 50평짜리 집에 손님들을 묵게 하면 됩니다. 일종의 게스트하우스죠. 그리고 계절 용품들, 집에 보관하기 어려운 용품들, 예를 들면 스키나 카약 장비 같은 것들은 이곳에 공동으로 보관할 수도 있습니다. 또 책이나 음반 같은 것들을 같이 가져다 놓고 공동 도서관으로 만들어서 함께 볼 수도 있습니다. 특히 모임을 하면서 집집마다 돌아가면서 한 번씩 밥을 해야 한다고 하면 주부들은 굉장히 스트레스를 받는데 게스트룸에서 모이면 해결됩니다. 결국 365일 자기 집은 자기가 사는 거고 손님이 오거나 다른 사람이 오거나 하면 접견실 같은 것은 따로 있게 되는 그런 구조죠.

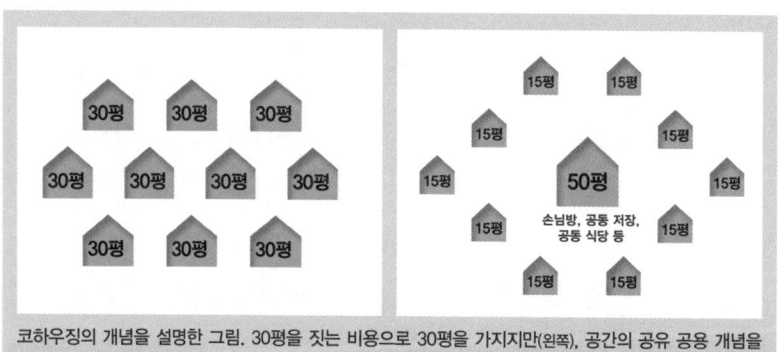

코하우징의 개념을 설명한 그림. 30평을 짓는 비용으로 30평을 가지지만(왼쪽), 공간의 공유 공용 개념을 도입하면 20평 비용(자기 집 15평+공동 공간 5평)으로 65평(자기 집 15평+공동 공간 50평)(오른쪽)을 누릴 수 있습니다.

비용을 따져 보면 자기 집 15평하고 공용 공간 50평 중에 자기 부담이 5평이라고 하면 20평 값으로 65평을 누리는 게 되죠. 그런 측면에서 공간을 나눠 봤으면 좋겠습니다.

열 집으로 예를 들었지만 두 집이 됐든 세 집이 됐든 그렇게 할 수 있습니다. 만약 주변에 그렇게 할 수 있는 이웃이 없다면 마찬가지로 채 개념으로 지으면 됩니다. 공용 공간도 일종의 채 공간에서 발전한 거로 생각하는데, 서양에 코하우징이 있다면 우리나라에는 한옥의 채 개념이 있습니다. 사랑채, 별채, 안채, 이런 식으로 말이죠. 여럿이 코하우징처럼 하면 좋지만 여건이 안 되면 자기 집을 그렇게 지으면 좋습니다. 그래서 내가 정말 필요한 15평은 돈을 좀 들여서 잘 짓고, 자식들이 가끔 찾아오거나 손님들 올 때 쓰는 집은 돈을 좀 덜 들여서 별채로 만들어 두는 거죠. 그래서 평소에 난방도 분리하고요.

실패하지 않는 흙집을 지으려면 어떻게 해야 하나요?

● 제일 좋은 것은 전문가를 만나 보는 것입니다. 많은 분들이 처음에는 나 혼자 지어야겠다고 생각합니다. 예전에 우리가 어렸을 때는 할아버지나 아버지가 흙집을 짓는 것을 보고 배워서 툭툭 지을 수 있었습니다. 그런데 지금은 그런 것을 본 적이 별로 없습니다. 생초보인 셈이죠. '예전에는 흙집을 그냥 지었지'라는 것은 어렸을 때 집 짓는 교육을 알게 모르게 받았기 때문입니다. 그래서 그때는 특별히 배우거나 대학을 나오지 않아도 흙집을 지을 수 있었던 겁니다. 지금 상황은 전혀 배운 것이 없기 때문에 흙에 대한 책을 좀 보시거나 관련 사이트에 들어가서 보시고 꼭 흙집 가르쳐 주는 곳에 가서 경험을 해 보시는 것이 좋습니다. 그래서 우리가 어릴 때 어깨너머로

배우고 따라다니면서 눈으로 배웠던 것들을 해 보고 하는 것이 필요합니다. 그렇지 않고 막연하게 시작하면 문제에 부딪히게 되고, 문제에 부딪히면 자꾸 쉬운 쪽으로 편한 쪽으로 선택하게 되고, 그렇게 하다 보면 이상한 흙집으로 가게 됩니다. 예를 들면 자꾸 금이 간다, 어떻게 금이 안 가게 하지? 본드를 섞는다거나 물에 풀린다. 어떻게 해야 안 풀리지? 고민하다가 시멘트를 섞거나 하는 식입니다. 정말로 가지 말아야 할, 하지 말아야 할 쪽으로 가게 되는 거죠. 그러니까 첫 번째는 경험을 해 보는 것, 여기서 경험이란 어깨너머로 배우는 것을 얘기하는 거니까 직접 가르쳐 주는 데서 배워 보는 것이 중요하겠습니다. 그 배우는 것이 오랜 시간 하기는 쉽지 않으니까 어릴 때 봤던 것처럼 아버지, 삼촌, 할아버지들이 흙집 지을 때 옆에서 흙 날라주면서 배웠던 것처럼 그렇게 참여형으로 단기간이라도 해 보면 좋겠습니다. 흙집 짓는 것을 배울 수 있는 곳은 여러 군데 있지만 가장 권위 있는 곳이 한국흙건축학교입니다. 유네스코 석좌프로그램 한국흙건축학교라는 긴 이름을 가지고 있는데, 프랑스에 있는 유네스코 본부의 고등교육부가 인준하는 교육 기관이어서 그렇습니다. 장단기 여러 교육 과정이 있으니까 상황에 맞게 활용하시면 될 겁니다.

흙집을 지을 때 유의해야 할 점은 무엇인가요?

● 기본적으로 집을 짓는다는 것은 쉽지 않은 일입니다. 일반인들에게는 평생 한 번 있을까 말까 한 경험이자 도전이죠. 그러니까 좀 신중하게 접근할 필요가 있습니다. 일반 콘크리트 집을 짓고자 할 때는 책도 찾아보고 전문가도 찾아보고 누가 더 좋은 집을 지어 줄까 생각하면서, 흙집을 지을 때는 그냥 할 수 있을 것

같다고 무작정 덤비는 경우가 있는데 금물입니다. 기존 집들은 건축사든 시공업자든 워낙 전문가가 많지만 흙집은 그렇게 해 주는 전문가들이 의외로 많지 않아서 어렵기는 합니다. 특히 흙집 몇 채 지어 본 사람들이 전문가랍시고 다니기 때문에 잘못하면 엄한 사람한테 일을 맡겼다가 낭패 보는 경우도 많습니다.

흙집을 짓는다고 할 때 가장 먼저 주의할 것은 쉽게 보지 않는 것입니다. 흙집을 짓든 시멘트집을 짓든 차분하고 신중하게 접근해야 하고 좋은 전문가를 찾아 의논하고 상담하는 것이 중요합니다. 그다음에는 전문가 그룹하고 상의하는 것입니다. 예전에 아버지, 할아버지 역할을 하는 사람들인 거죠. 일종에. 전문가들과 상의해 보면 설계부터 시공까지 쭉 같이할 수 있는 방법이 생깁니다. 제가 추천하고 싶은 데는 '흙건축협동조합 TERRACOOP(테라쿱)'인데요, 건축 전문가들과 한국흙건축학교를 졸업한 분들이 같이 모여서 만든 곳인데, 흙건축에 대한 체계적인 지식과 경험을 가진 분들이라서 많은 도움이 될 겁니다. 한국흙건축학교로 문의하시면 됩니다.

흙집의 재료와 디자인

나무집과 흙집 중 어떤 집이 더 좋을까요?

● 잘못 얘기하면 나무집을 폄하하는 것처럼 보일 수 있어서 조심스럽지만, 흙집이 좋습니다. 우리가 친환경이라고 할 때 탄소 발생을 어떻게 줄일 것인지, 탄소를 줄였을 때의 효과는 무엇인지 등의 이야기를 많이 합니다. 그런데 지금 우리가 쓰는 목재는 우리나라에서 나오는 목재가 아니고 캐나다 같은 나라에서 수입한 것입니다. 외국에서 나무를 잘라서 찌고 말리고 가공해서 배에 실어서 지구 반 바퀴를 돌아온 것입니다. 이런 것들은 그 시스템 자체가 친환경적이지 않습니다. 재료 자체는 친환경적일지 모르지만 재료를 쓰는 시스템 자체는 절대로 친환경적이지 않다는 거죠. 그래서 목조주택이 친환경적이려면 우리나라 나무여야 합니다. 우리의 시스템에서 멀지 않은 곳에서, 그것도 한곳의 나무를 전국으로 뿌리는 것이 아니라 지역마다 구해서 쓸 수 있을 때 비로소 나무는 친환경적인 재료가 될 수 있습니다. 이것은 건축을 전공하는 친환경 학자들의 공통된 의견입니다.

목조주택은 통통거린다고 많이 얘기하는데 이렇게 목재는 변형이나 진동에 대한 문제에 취약하기 때문에 잘 살펴서 사용해야 하는 재료입니다. 여름에 고온다습하고 사계절이 뚜렷한 우리 기후환경에 맞는지에 대해서는 많은 검토를 해야 할 거라는 거죠. 그래서 우리 조상들의 한옥을 보면 나무는 나무 혼자가 아니라 흙과 같이 있을 때 제대로 된 기능을 발휘했습니다. 나무가 가지는 변형이나 진동에 대한 취약성을 흙으로 보완했을 때 비로소 강점을 가진다는 것을 안 것이죠. 그 결정판이 한옥입니다. 그래서 우리 조상들은 나무와 흙을 같이 썼고 나무만 써서 지은 것은 정자밖에 없습니다. 상시 주거로는 쓸 수 없다고 생각한 거죠.

흙건축의 구조체는 어떤 것을 쓰나요?   ● 구조체는 어떤 것을 써도 상관없습니다. 흙건축의 정의를 여러 가지로 할 수 있고 구조체를 흙으로 했을 때만이 흙건축이라고 주장하는 학자도 있지만, 대부분의 경우는 흙이 기능하는 집으로 규정합니다. 이것은 흙의 특성이기도 한데 자기를 내세우거나 하는 것이 아니죠. 구조가 나무여도, 철이어도, 심지어 콘크리트여도 상관없습니다. 흙이 들어갈 수 있는 곳에 들어가서 작용을 하면 그것이 바로 흙건축입니다. 그렇다고 흙이 자체적으로 구조적인 역할을 하지 못하느냐 하면 그것은 아닙니다. 충분히 할 수 있고 지금도 세계

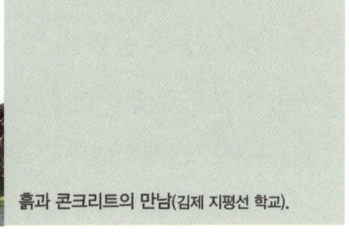

흙과 콘크리트의 만남(김제 지평선 학교).

흙과 콘크리트의 만남(김제 지평선 학교).

흙과 나무의 만남(산청 동의토가).

많은 곳에서 그렇게 하고 있습니다. 다만 더 효율적인 방법이 있다면 접목도 가능하다는 것입니다.

흙과 나무를 같이 썼을 때 생기는 문제는 없나요?

● 문제가 생긴다면 해결해야 하고, 실제로 해결해 왔습니다. 나무를 구조체로 쓰고 흙을 벽체로 쓸 때 맞닿는 면에 틈이 생기는 등의 문제가 생길 수 있습니다. 나무가 수축률이 높으니까 흙과 같이 쓰면 틈이 생기는 것입니다. 이런 문제를 커버할 수 있는 방법들을 고안해 왔고 디테일들을 만들어 가는 중입니다. 그래서 나무와 흙 사이에 벌어지는 문제일 경우는 나무 기둥 속을 파고 벽체를 채워 넣는다든지, 나무 기둥을 완전히 흙으로 덮는다든지 해서 해결을 합니다. 일례로 한옥의 경우도 바깥쪽은 심벽을 쓰고 안쪽은 평벽을 씁니다. 바깥쪽에서 보면 기둥이 노출되어 벽이 기둥 뒤쪽으로 들어가지만 실내에서는 기둥을 다 감싸고 있습니다. 틈새를 줄이려는 노력으로

만들어진 디테일인 거죠.

또한 흙은 다른 것의 문제들을 보완하는 쪽으로 많이 기능해 왔습니다. 나무가 흔들거리는 것을 보완한다든지 콘크리트가 몸에 안 좋은 것을 덮어 준다든지 하는 것처럼요.

**흙과 잘 어울리는 건축 재료에는
어떤 것이 있나요?**   ● 구조는 어떤 것이든 잘 받쳐 줄 수 있습니다. 나무, 철, 콘크리트 등 어떤 구조체와도 잘 어울립니다. 외장 측면에서도 어떤 것이든 잘 어울립니다. 흙은 자연 재료니까 자연 재료와 잘 어울릴 것으로 생각하는데, 실제로 지어 보면 콘크리트와도 잘 어울립니다. 예를 들어 기둥을 콘크리트로 하고 흙으로 벽을 해도 색상이 잘 어울립니다. 철하고도 검은색이나 회색의 철재를 쓰고 흙을 쓰면 잘 어울립니다. 김제의 지평선 학교 같은 경우는 철과 콘크리트, 흙과의 컬래버레이션입니다. 흙은 어떤 재료하고도 잘 어울리는 재료입니다. 그것은 어쩌면 우리의 눈하고도 관련이 있을 텐데 태어나서 죽을 때까지 흙이라는 베이스에서 이것저것을 보아 왔던 터라 어떤 것이나 잘 어울린다고 받아 주는 것이 아닐까 싶습니다.

흙과 철재의 조합으로 세련된 실내를 연출하고 있습니다.

흙과 콘크리트의 조합으로 안정된 실내 모습을 연출하고 있습니다.

흙집을 100% 자연 재료만으로 지을 수 있나요?

● 물론 그럴 수 있습니다. 원론적으로 그렇습니다. 기초부터 지붕까지 자연 재료로 짓는 것이 가능합니다. 그런데 자연 재료만으로 지었을 때 성능이 떨어지는 것이 꽤 있을 수 있습니다. 방수의 경우 어쩔 수 없이 자연 재료보다 인공 재료를 많이 쓰는 것도 그런 이유 때문입니다.

흙집에 접목하면 좋은 친환경 기술이나 재료에는 어떤 것들이 있나요?

● 흙집을 짓는다는 것은 친환경적인 집, 자연에 해를 주지 않는 집을 짓는다는 것입니다. 자연에 해롭지 않고 인간에게 유익한 집을 짓는 건데, 그러려면 먼저 에너지 문제를 해결해야 합니다. 에너지를 쓰지 않는 집, 또는 거의 최소화하는 집이 되어야 하는 거죠. 흙으로 짓되 에너지를 최소한으로 사용하는 집을 '테라 패시브 하우스 terra passive house'라고 합니다. 이런 집은 무엇보다 단열이 굉장히 중요합니다. 그런데 흙만 가지고 단열하기는 어렵습니다. 그러

니까 단열에 대한 여러 가지 기술들을 흙집에 접목하면 좋겠다는 생각이 듭니다. 단열블록이 됐든 단열다짐이 됐든 이중쌓기가 됐든 이중심벽이 됐든 이러한 기술들을 계속 접목해 가는 것이 중요합니다.

또 하나는 창의 크기입니다. 단열을 잘하더라도 창에서 많은 에너지가 빠져나가기 때문입니다. 요즘에는 이중유리, 로이(low-E)유리라고 해서 에너지를 덜 뺏기는 유리와 창호들이 개발되고 있는데, 그렇게 계속 기술 개발되고 이용하는 것도 중요하지만 더 중요한 것은 적게 쓰는 것입니다. 그래서 창의 크기를 과하게 크게 하지 않는 것이 중요합니다. 물론 우리나라 건축DNA 중에는 한옥DNA가 있습니다. 서양의 건물과 우리 건물의 큰 차이 중의 하나는 벽식 구조냐 기둥-보 구조냐 하는 것이라고 생각합니다. 돌로 쌓은 벽식 구조는 창을 크게 낼 수 없습니다. 그러니까 작은 창에서 빛이 쫙 들어오게 하는 것을 많이 강조하는 거죠. 그에 비해서 우리는 기둥-보 구조라서 벽이 자유로웠습니다. 벽을 만들 수도 있고, 벽을 비워서 창이나 문을 만들 수도 있었습니다. 사방에 창을 낼 수 있는 구조여서 사방을 다 들어 올려 창을 다 개방할 수도 있게 했습니다. 그리고 또 창이나 문이나 이런 것도 한지라고 하는 것 때문에 빛이 은은하게 간접 조명처럼 들어와서 늘 불이 켜져 있는 것처럼 환한 구조입니다. 그래서 집이 어둡지 않았습니다. 그런 DNA가 남아서 집 어두운 것을 참 싫어합니다. 그래서 창도 크게 내는 편입니다. 물론 이런 것들을 다 무시하고 창을 작게만 낼 수는 없습니다. 대신 한번 돌아보자는 것입니다. 창을 과도하게 크게 해야 하는가, 모두가 전면 창이어야 하는가, 나한테 적절한 창의 크기는 얼마인가 등등. 실제로 밖을 보는 데는 그리 큰 창이 필요하지 않습니다. 창의 크기는 잘 고민해서 디자인적으로 풀어야 할 문제이자 개개인이 풀어야 할 숙제입니다. 그래서 이런 것도 다 고민하면서 집을 지으면 좋겠습니다.

패시브 하우스passive house라는 게 요즘 유럽에서 들어온 개념인데, 패시브는 수동적, 피동적이라는 의미입니다. 반대말을 생각하면 액티브 하우스active house입니다. 액티브라는 건 에너지를 주는 것입니다. 더우면 에어컨을 틀고 추우면 히터를 틀고, 그렇게 에너지를 쓰면 집이 쾌적하다고 생각하는 것이죠. 지금까지 이렇게 해 왔던 것에 대한 반성으로 나온 것이 패시브 하우스입니다. 액티브하게 에너지를 줄 게 아니라 수동적으로 에너지를 쓰자, 거의 안 써 보자, 그러다 보니 가장 중요한 핵심이 단열이 되었습니다. 그런데 단열을 강화하다 보면 집을 단열재로 꽁꽁 싸매게 되니까 실내 공기의 질이 안 좋아지게 됩니다. 실내에 이산화탄소가 높아지면 센서를 달아서 창문을 열고, 실내 공기 정화기를 달고, 이런 식으로 자꾸 기계를 늘립니다. 기계가 늘다 보면 액티브하게 되고, 에너지와 기계 장치들이 자꾸 들어가서 패시브를 시작한 의도와 자꾸 멀어집니다. 흙집에선 패시브의 단열이라든지 에너지 절감이라고 하는 장점들을 받아들이되 거기서 필연적으로 나타나는 기계 장치에 대한 의존도를 해결할 수 있는 부분이 많습니다. 예를 들면 실내 공기 질 때문에 실내가 건조하니까 가습기를 틀어야 되고, 가습기를 틀다 보니까 세균이나 이런 문제 때문에 약을 넣어야 되고, 그 약을 넣다 보니까 건강에 안 좋아서 또 뭘 넣고……, 하지만 흙을 바르면 그럴 필요가 없습니다. 이렇게 패시브의 에너지 절감적인 부분은 받아들이고 패시브의 안 좋은 것들은 흙으로 해결하는 식으로 계속 현대 건축과 접목하는 노력이 필요합니다.

흙집도 현대적인 디자인으로 지을 수 있나요?

● 예전에는 흙이 물에 약하고 강도

가 잘 안 나와서 흙만으로 집을 지으려면 '장화를 신고 모자를 쓰라'는 말을 했습니다. 기초를 올리고 처마를 길게 뽑아서 흙이 물에 닿지 않도록 하라는 것이지요. 그러다 보니 다양한 디자인을 내는 데 제약을 받았습니다. 하지만 요즘에는 고강도 흙이 개발되었고 얼마든지 그런 제약에서 벗어나서 자유롭고 현대적인 형태의 디자인이 가능해졌습니다. 실제로 그런 디자인으로 지어진 건축물도 많습니다.

건축가 릭 조이의 주택(미국).

건축가 마틴 라흐의 주택(독일).

건축가 정기용의 주택(한국).

콘크리트 건축물의 디자인을 흙으로 지을 수 있나요?

● 기존의 콘크리트가 할 수 있었던 모든 것을 흙으로도 할 수 있습니다. 재밌는 것은 원래 콘크리트로 했던 평지붕 같은 디자인은 흙에서 출발한 것이라는 점입니다. 카르타고나 중동, 미국 산타 페 지역처럼 비가 많이 안 오는 지역에 평지붕, 즉 박스 형태의 집이 많았고 이것을 콘크리트가 받아서 디자인된 것입니다. 유럽 사람들이 박공지붕, 맞배지붕만 보다가 아프리카나 중동에 가서 평지붕을 보게 되었고 '아, 이거 괜찮네.' 해서 발전한 것이죠. 우리는 전통 건축에 머물러 있다가 식민 지배를 받게 되면서 서양의 것들이 갑자기 물밀 듯이 들어왔고, 새로운 것에 대응하지 못한 채 전통이 단절되다 보니 이렇게 되었는데, 어쨌든 우리가 보고 있는 서구적 현대적 디자인은 원래 흙건축이 전통적으로 가지고 있던 디자인입니다.

산타 페의 흙집(미국).

오래된 흙집을 개조하여 사용하고 있는 호텔과 레스토랑(미국).

새로운 흙건축 공법으로 지어진 지평선 학교(한국).

**흙집 중에는 통나무를 박은 집들이
많던데 그건 왜 그런가요?** ● 통나무를 박는 이유는 흙으로만 반죽하면 너무 힘들기 때문입니다. 이것의 장점은 흙 반죽을 덜 하고 흙을 덜 쓰니까 덜 힘들다는 것이지만, 박아 놓은 통나무와 흙의 수축력이 달라서 시간이 지나면 통나무와 흙 사이에 벌어지는 틈을 계속 메워 줘야 하는 단점이 있습니다. 그래서 학계에서는 창고나 카페와 같은 비주거용에 쓰되 주거용으로는 쓰지 말라고 권고하고 있습니다.

**전통 건축에서 흙집에 접목하면
좋을 만한 것은 무엇인가요?** ● 전통 건축에서 갖고 오면 좋은 것들은 일단 구들입니다. 세계의 건축 용어들 중에 한국어로 된 용어가 두 개 있습니다. 바로 '온돌'과 '마당'입니다. 우리의 전통적인 온돌은 구들이라고 하죠. 국제온돌학회에서는 온돌을 세 종류로 구별합니다. 고래온돌은 고래가 있는 우리 전통 온돌입니다. 요즘 많이 쓰는 것은 온수온돌과 전기온돌입니다. 온돌은 불을 때서 그 열을 방바닥에 저장했다가 내보내 주는 구조입니다. 축열 성능을 이용해서 실내의 공기를 따뜻하게 해 주는 것입니다. 열의 성질 중에 있는 복사, 전도, 대류를 다 이용하는데, 특히 복사열을 직접적으로 인체에 전달하기 때문에 건강에도 좋습니다. 인간이 개발한 난방 기구 중에서 가장 열효율이 높은 난방 기구인 것이죠. 우리가 집을 짓는다고 하면 온돌을 빼놓고는 상상하지 못하니까 당연히 온돌은 들어가야 합니다.

그리고 두 번째가 마당입니다. 서양의 '파티오patio'나 '가든garden'을 두고 굳이 '마당madang'이라고 하는 용어가 따로 인정된 것은 이 마당에서 일어나는 활동들 때문입니다. 사실 평소의 마당에는 아무것도 없습니다. 마당에는 나무도 심지 않죠. 왜냐하면 네모(口) 안에 나무 목(木) 자가 들어가면 빈곤할 곤(困) 자예요. 빈곤해진다고 해서 나무도 심지 않았습니다. 서양 사람들 눈에 마당은 처음에는 아무것도 없는 휑한 빈 공간이었습니다. 그런데 잘 관찰해 보니까 빈 공간이 아니라 거기에서 어떤 활동들이 계속 일어나는 것입니다. 고추를 널어 말리기도 하고 잔치를 열기도 하고요. 딱 하나로 규정할 수 없는 다양한 활동들이 일어나는 것입니다. 그뿐만 아니라 바깥 공간에서 개인적인 실내 공간으로 들어가는 중간지대, 반(半) 사적(私的) 공간의 역할도 합니다. 또한 채와 채를 연결하는 역할도 하지요. 안채와 사랑채, 별채를 이어 주어 하나의 집으로 아우르는 역할도 합니다. 마당을 현대적인 의미로 쉽게 이해하자면 지붕 없는 커다란 거실 같은 것으로 보면 됩니다. 그런 측면에서 마당이라는 건 굉장히 중요한 의미가 있다고 해서 용어를 따로 정해 쓰게 된 것입니다.

그리고 한옥의 기둥-보 구조를 살펴볼 필요가 있는데요. 흙집이라는 게 기본적으로는 벽을 두툼하게 만들어서 벽이 힘을 받는 벽식 구조인데, 최근 단열이 강화되면서 고민이 생겼습니다. 예전에는 흙벽만으로도 단열 기준을 맞추는 데 별 무리가 없어서 두툼한 흙벽만으로 힘도 받아 주고 단열도 맡아 주었던 거죠. 그런데 단열 기준이 강화되면서 이게 어렵게 되었습니다(물론 흙집만의 문제는 아니고 시멘트집도 마찬가지이죠). 이것을 해결하기 위해서는 우리 전통적인 한옥의 기둥-보 구조를 도입하면 됩니다. 기둥-보가 힘을 받고 벽이 단열만 책임지면 되기 때문에 현대적인 패시브 하우스가 됐든 단열이 강화된 집이 됐든 활용도가 높은 집을 지을 수 있을 것 같습니다.

주변과의 관계는 어떻게 풀어야 할까요?

● 먼저 내 삶에 대한 문제들에 대해서 고민해 봐야 하고, 두 번째로 다른 사람과의 관계를 생각해 봐야 할 것 같습니다. 건축은 사회적 예술이라는 말이 있습니다. 그림은 나 혼자 보면 그만이지만, 건축물은 한번 지어 놓으면 지나는 모든 사람이 다 보게 되기 때문에 사회적 책임을 져야 한다는 뜻입니다. 그러니까 집을 지을 때 나의 취향과 더불어서 이웃이나 주변과 잘 어울리는지를 고민해 봐야 하고, 또 그걸 넘어 자연과 어떤 관계를 맺는가에 대한 고민도 같이해야 합니다. 제가 학생들에게 내 주는 숙제 중에 '흙으로 지었지만 이웃하고 전혀 소통하지 않게 철옹성으로 지은 집과 비록 콘크리트로 지었지만 이웃하고 잘 소통하는 집 가운데 어느 게 더 흙집다운가'라는 주제가 있습니다. 우리 조상들은 집이라고 하는 것을 단순히 건물이라고 생각하지 않았습니다. 집주인의 철학, 사상, 생각을 나타내고 집주인의 품격을 나타내는 행위체, 매개체, 표현물이라고 생각했죠. 집은 내 삶을 살아가는 방식이자 내 이웃, 자연과 어떤 관계를 가지려고 하는지를 보여 주는 표현물입니다. 이런 것들을 염두에 두고 집에 대해 생각하면 좋겠습니다.

흙집에 적합한 흙과
흙건축 재료 고르기

**일반 흙으로 집을
지을 수 있나요?**

● 물론입니다. 시중에 파는 흙 재료는 내가 시간이 없거나 전문적인 지식이 부족하거나 등등의 이유로 도움을 받는 것으로 생각하면 됩니다. 예를 들면 벽돌집을 짓는다고 할 때 흙을 퍼다 직접 만들면 되는데, 직접 만들 시간이 없으면 만들어진 벽돌을 사서 할 수 있습니다. 미장할 때도 기존 흙으로 할 수 있는데 배합을 잘 맞춰야 균열이 안 생기니까 배우긴 했지만 자신이 없으면 전문적인 제품을 사서 이용한다고 생각하면 됩니다.

**우리나라 흙은 집 짓기에
적당한가요?**

● 우리나라 흙은 효능, 효과, 인체에 미치는 영향에서는 굉장히 좋은 흙입니다. 몸에 좋은 흙을 따로 판다는 광고도 있지만 거기에 현혹될 필요는 없습니다. 어떤 흙을 써도 우리 몸에 굉장히 좋다고 이해하면 됩니다. 문제는 효능은 좋은데 집을 지으면 균열이 많이 간다는 점입니다. 그래서 균열만 잘 막아 주면 우리나라 흙

은 정말 좋은 흙이라고 얘기할 수 있습니다.

**쓰면 안 되는 흙이
있다면요?**   ● 우리나라 흙은 아무 흙이나 다 써도 되지만 피해야 할 흙이 있다면 논이나 밭에 있는 흙들입니다. 이 흙들은 안 쓰는 것이 좋겠습니다. 오랜 세월 동안 농사에 적합하게 만들어진 것이고, 농사를 지어야 하니까요. 또 산속에서도 표면에 있는 부식토나 부엽토는 그 안에 비료나 퇴비 같은 성분들이 있으니까 그런 흙으로 흙집을 지으면 벽에서 싹이 날 수도 있으니 안 쓰는 것이 좋겠습니다. 미군 부대가 있다가 간 자리의 흙들은 거기에 기름이나 오염물질 등 어떤 것을 넣었는지 알 수 없기 때문에 피하는 것이 좋겠고요.

또 한 가지는 마사토입니다. 마사토는 속칭이고 학문적으로는 '마사'입니다. 마모된 모래인 거죠. 모래가 흙으로 넘어가는 중간 단계에 있는 것이어서 마사토를 써서 집을 지으면 강도 등에 문제가 있을 수 있습니다. 그래서 표준시방서에도 구조체로 힘을 쓰는 곳에는 마사를 쓸 수 없게 되어 있습니다. 주변에서 업체들이 마사 좋다고들 많이 하는데 그것은 값이 싸서 그런 겁니다. 건축주들이 집을 지으려고 하면 마사토는 안 쓰는 게 좋습니다.

**일반 흙보다 더 효능 좋은 특별한
흙이라고 광고하는 흙들이 있는데
정말 더 좋은가요?**   ● 반은 맞고 반은 틀린 말입니다. 예를 들면 음식이 좋으냐 약이 좋으냐와 비슷한데 전체적으로 우리 몸에 좋은 것을 흙이라고 하면 그중에서 어떤 특정한 한 가지가 더 뛰어난 광물들을 선전하는 것이죠. 흙은 모래, 자갈, 실트, 클레이로 구성되어 있습니다. 이 중 클레이가 더 많거나 게르마늄 등등의 광물질이 더 들어갔거나 할 수 있습니다. 예를 들어 게르마늄 같은 돌들은 특정한 성분이 함유되어 있어서 원적외선 방사율이 좀 더 좋다든지 음이온 발생 비율이 좀 더 좋다든지 하는 특징이 있습니다만 그것이 대세를 좌우하지는 않습니다. '신토불이'라는 말이 있지 않습니까? 가장 좋은 흙은 우리 몸이 가장 잘 적응된 흙입니다. 한 예로 우리나라 황칠을 옻칠 중에서도 으뜸으로 치는데 우리나라 남부지방에서 납니다. 임진왜란 때 황칠을 본 일본 사람들이 보고 좋아서 가져다 심었답니다. 그런데 재배가 잘되지 않았습니다. 그래서 흙이 문제인가 싶어서 순천 쪽 야산 하나를 싹 파갔답니다. 그런데 그 흙에서도 잘 안 났다고 해요. 결국 기후나 풍토 이런 것과 가장 최적화되어 있는 것이 가장 좋은 것이 아니냐는 생각을 합니다. 게르마늄, 맥반석 등등 많은 것들이 회자되는데 굳이 그런 걸 쓴다? 글쎄요. 분명한 것은 전반적으로 골고루 좋은 것들이 들어 있는 것이 흙이고 특별하다고 광고되는 것들은 어느 한 면이 조금 더 좋을 뿐입니다. 굳이 얘기한다면 95점이냐 96점이냐의 차이입니다. 그런데 그 차이를 위해서 그 많은 돈을 투자할 필요가 있는가? 요즘 사람들 말로 가성비라고 하는데 가격 대비 성능을 따지면, 일반 흙이 95점짜리 100원인데 특별한 흙이라고 96점짜리를 1,000원 주고 살 필요가 있는가? 그래도 나는 단 1점이라도 더 좋은 게 좋겠다고 하면 그렇게 하는 거지만 대부분 그럴 일은 별로 없다는 생각이 듭니다. 결론적으로 특별한 흙이라고 광고하고 주장하지만 특별한 흙은 없다는 겁니다.

일반 흙으로 집을 지을 때 주의해야
할 점은 무엇입니까?　　　　● 배합입니다. 좋은 흙을 고르는 법
은 얘기했는데, 그냥 사용하면 균열이 많이 갑니다. 균열이 가지 않도록
배합을 잘해서 사용해야 합니다. 그것이 가장 중요한 포인트입니다. 균열
이 가지 않도록 배합을 잡는 방법은 뒤에서 더 설명하도록 하겠습니다.

시중에 파는 흙건축 재료가
많습니다. 좋은 흙건축 재료를
선택하는 방법이 있나요?　　　● 개인적으로는 파는 분들이 솔직
했으면 좋겠다는 생각을 합니다. 재료 개발을 하다 보면 시멘트 1~2%
만 섞으면 성능이 좋아지는데 섞어 볼까 하는 생각이 들 때가 있습니다.
그것이 나쁜 것은 아닙니다. 그저 우리 것은 전체 100% 중에 시멘트가
1~2% 들어갔다, 98%가 흙이니까 좋다, 이렇게 솔직히 밝히면 되는데
대부분의 광고를 보면 천연 재료로 만들었다고 합니다. 본드나 시멘트
를 넣어서 만들었음에도 그렇게 말을 하는 거죠. 그것이 현실적으로 좀
안타깝습니다. 그래서 한국흙건축연구회에서는 앞으로 재료인증제, 품
질인증제 같은 것을 시행하려고 준비하고 있습니다. 정말 친환경 소재
로 만들어졌는지, 구웠는지, 본드가 들어갔는지, 시멘트가 들어갔는지
를 검사해서 인증제를 시행해 사람들이 그 인증마크를 보고 선택할 수
있도록 하기 위해서입니다. 직접 확인해 보는 방법으로는 냄새가 있습
니다. 본드가 들어간 것은 라이터로 그을려 보면 그을음과 함께 고무 탄
냄새가 납니다. 시멘트가 들어간 것은 물을 뿌려 보면 시멘트 냄새가 납
니다. 물불 가리지 말고 잘 활용하시면 좋은 재료를 찾을 수 있습니다.
흙으로 된 것은 물을 뿌려 보면 흙냄새가 납니다. 더운 여름, 마당에 물

을 뿌렸을 때 나는 냄새입니다. 보통 흙냄새와 시멘트 냄새를 구별하지 못한다고 하는데 한번 뿌려 보면 알 수 있습니다. 한국흙건축학교로 연락하시면 좋은 재료를 추천해 드리기도 합니다.

**시중의 흙 재료들이 시멘트보다
비싸던데 왜 그런가요?**

● 유기농이 일반 식품보다 비싸지 않습니까? 좋은 건 비쌉니다. 한편으로는 규모의 경제에 따라서 시멘트는 워낙 대량생산, 대량판매하기 때문에 값이 싼데, 흙은 아직 그런 규모의 경제를 갖추지 못했기 때문에 소량으로 생산하고 소량으로 판매하다 보니 단가 자체가 높아지는 측면이 있습니다. 그래서 흙 재료를 하는 분들의 소망은 흙건축 재료를 시멘트처럼 저렴한 가격으로 많은 분이 쓸 수 있게 되는 것입니다. 그러려면 많은 분이 흙을 써 주셔야 합니다. 그래야 더 많이 생산되고 값이 싸지면서 보다 더 많은 분이 흙을 쓸 수 있게 되는 선순환이 만들어지는 것이죠. 그래서 아파트 입주할 때 방 한두 개, 벽이라도 흙 미장을 해 달라고 요구하면서 점점 더 많이 흙이 쓰이길 바라는 겁니다.

**흙벽돌과 일반 벽돌의 차이는
무엇인가요?**

● 일반 벽돌이라고 얘기할 때 시멘트 벽돌과 흔히 빨간 벽돌이라고 부르는 구운 벽돌로 나눌 수 있을 텐데요. 시멘트 벽돌은 시멘트로 만들고, 구운 벽돌은 흙을 구워서 만듭니다. 시멘트는 흙을 구워서 만드는 거니까, 흙을 구운 후 벽돌을 만드느냐(시멘트 벽돌), 벽돌을 만든 후 굽느냐(구운 벽돌)의 문제이지 결국 흙

을 굽는 것은 같습니다. 그런데 흙을 구우면 조직이 바뀌어서 흙이 아닌 것이 됩니다. 이름도 다릅니다. 흙은 '어스earth'고, 구운 것은 '세라믹 ceramic'입니다. 시멘트를 보고 흙이라고 하지 않는 것도 이 때문입니다. 흙을 구우면 흙이 아닌 것이 되기 때문에 효능도 사라집니다. 결론적으로 흙벽돌과 다른 벽돌의 차이는 흙벽돌은 흙이고 다른 벽돌은 흙이 아니라는 것입니다.

중국에서 황토석이 수입되고 있는데 똑같은 흙의 효과가 있나요? ● 아닙니다. 황토석은 돌입니다. 황토 모양으로 생긴 돌이라고 해서 황토석이라고도 하는데 기본적으로는 바위 같은 암석입니다. 무지개떡이 무지개는 아닌 것처럼 말이죠. 게르마늄도 마찬가지로 돌입니다. 돌이 풍화하면 흙이 됩니다. 그렇다면 돌이 흙처럼 우리 몸에 좋으냐 궁금할 텐데 게르마늄처럼 어떤 특정한 성분을 가진 돌이라고 하면 우리 몸에 좋은 부분이 있습니다. 하지만 전체적으로 봤을 때 돌은 그냥 돌일 뿐입니다. 돌이 숨을 쉬거나 하는 기능을 하지는 않기 때문입니다. 그런데 황토는 흙이고 흙은 돌이 풍화된 것이기 때문에 돌이 가지고 있는 기본적인 성분이나 성능을 가지고 있을 뿐만 아니라 숨을 쉬는 등 여러 가지 돌이 가지지 못한 효과까지 가지고 있는 거죠. 앞에서 보여 드린 전자 현미경 사진을 참조하시길 바랍니다.

흙건축 재료는 구하기가 어렵다던데요? ● 당연히 시멘트 등의 화학 재료들은 많이 발전해 있고 많이 팔기 때문에 구하기 쉽습니다. 하지만 흙 쪽은 이제 막 시작이어서 상대적으로 구하기 쉽지 않습니다. 하지만 최근에는 믿을 만한 회사들이 생겨나기 시작해서 연락하면 바로 배달해 주는 곳들이 있습니다. 그리고 예전에는 물류 시스템이 중요했는데 요즘은 전부 다 인터넷으로 주문할 수 있는 시대가 됐기 때문에 그런 문제는 해소될 것으로 보입니다. 한국흙건축학교로 연락하시면 좋은 흙건축 재료 구매에 대한 도움을 받을 수 있습니다.

**흙집은 불에
약하다면서요?**

● 아닙니다. 아주 강합니다. 왜냐하면 전 세계적으로 불에 견디는 것은 흙밖에 없기 때문입니다. 철도 녹도 나무도 타고 물도 증발되지만 흙은 불에 견딥니다. 콘크리트는 600°에서 800°까지 온도가 올라가게 되면 조직 구조가 바뀌어서 한번 불났던 건물은 다시 쓰기 어렵습니다. 분해되어서 부스러지기 때문입니다. 불이 난 집을 다시 쓸 수 있을지 못 쓸지 판단할 때 화염의 온도가 몇 도였는지 측정하고 데이터를 분석하는데, 낮은 온도대의 불이었으면 다시 쓸 수 있지만 높은 온도였다면 못 씁니다. 아니면 대대적으로 다시 보강해야 합니다. 하지만 흙으로 지은 건물에 불이 나면 건물은 도자기 집이 됩니다. 실제로 중동 지역에서는 지붕까지 흙으로 만든 다음에 실내에다 불을 지르기도 합니다. 이렇게 하면 표면이 구워져서 단단해지기 때문입니다. 우리나라에서도 도자기 집이라고 해서 집을 흙으로 지어서 도자기처럼 만들어 놓고 가마를 크게 씌워서 불을 질러 도자기 집을 만드는 경우도 있습니다.

**진짜 황토를 고르는 방법은
무엇인가요?**　　　　● 우리나라 흙의 대부분은 황토입
니다. 어떤 지역의 흙이라고 해도 크게 다르지 않을 만큼 좋습니다. 물
론 조금 더 좋은 지역과 덜 좋은 지역은 있을 수 있지만, 수준 이하로 떨
어지는 흙은 없습니다. 여기서 조금 더 좋은 흙이란 점토분이 조금 더
많은, 농사도 잘되는, 발라 놨을 때 좋은 흙을 말합니다. 그러나 그것이
유의미한 차이를 보이지는 않습니다. 점수로 얘기하면 모두 우등생인
셈입니다. 96점인지 95점인지의 차이 정도인 거죠.

균열과 강도 잡는 흙 배합법

/
균열 잡는 흙 배합법
/

**흙집은 균열이
심하다는데요?**

● 흙을 그냥 반죽해서 흙집을 만들게 되면 균열이 발생하니까 그 틈으로 물이 들어가고 그러면 부스러지고 이렇게 악순환이 되는 거죠. 그러나 배합을 잘해서 균열이 가지 않게 하고, 표면을 잘 마무리해서 물이 스며들지 않게 하면 아주 오랜 세월 동안 잘 쓸 수 있습니다.

**일반 흙을 이용해서
흙집을 지을 때 균열을 잡는
흙 배합법은 무엇입니까?**

● 집 짓기에 좋은 흙을 만드는 방법은 흙의 구성성분 비율을 맞춰 주는 것입니다. 흙은 크게 모래질과 점토질로 이루어져 있는데, 모래질은 아주 굵은 자갈 같은 것, 그리고 모래,

아주 가는 실트로 구성되어 있습니다. 모래질과 점토질 중에서 점토질이 많으면 강도도 좋아지고 균열도 안 가는데, 점토질이 많은 흙은 많지 않습니다. 관건은 모래 속에 들어 있는 아주 가는 모래 성분인 실트입니다. 우리나라 흙에는 이 실트가 너무 많이 들어 있어요. 그러니까 실트가 물을 많이 먹게 되고 이 물이 증발하고 나면 공극이 생겨서 균열이 되는 것입니다. 그래서 흙을 배합할 때는 아주 가는 실트가 많은 흙에다가 모래를 잘 섞어 주게 되는데, 이러면 균열이 안 생기게 됩니다. 이렇게 굵은 입자를 넣어서 배합을 맞추는 것을 '최밀충전'이라고 합니다. 방법은 일정한 부피 안에 흙의 구성성분들이 최대한 조밀하게 채워져 무게가 가장 무거워지도록 해 주는 겁니다. 예를 들어 흙 한 컵의 무게를 재서 550g이 나왔다고 하면 그 흙에 모래를 30% 섞어서 한 컵의 무게를 재 보고, 1:1로 배합해서 재 보고, 1:2로 배합해서 재 보고……, 이런 식으로 쭉 무게를 재서 제일 무거웠을 때의 비율, 그것이 가장 적정 비율이라고 할 수 있습니다. 그 비율만 맞추면 주변에 있는 어떤 흙이든 균열 없이 집을 지을 수 있습니다.

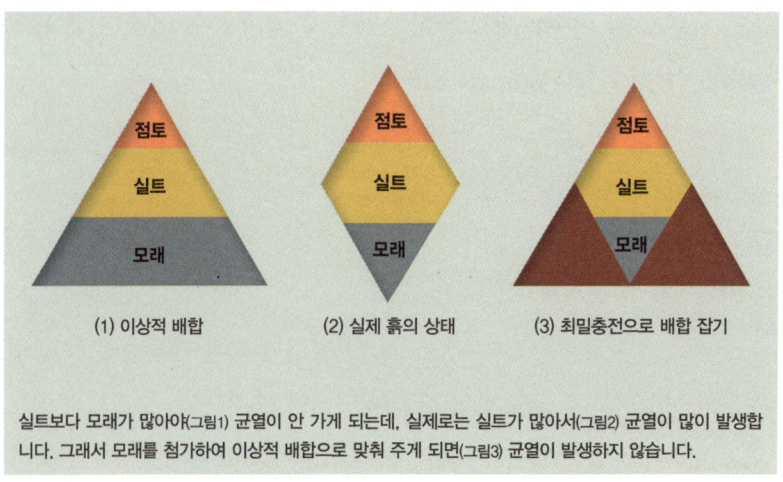

(1) 이상적 배합   (2) 실제 흙의 상태   (3) 최밀충전으로 배합 잡기

실트보다 모래가 많아야(그림1) 균열이 안 가게 되는데, 실제로는 실트가 많아서(그림2) 균열이 많이 발생합니다. 그래서 모래를 첨가하여 이상적 배합으로 맞춰 주게 되면(그림3) 균열이 발생하지 않습니다.

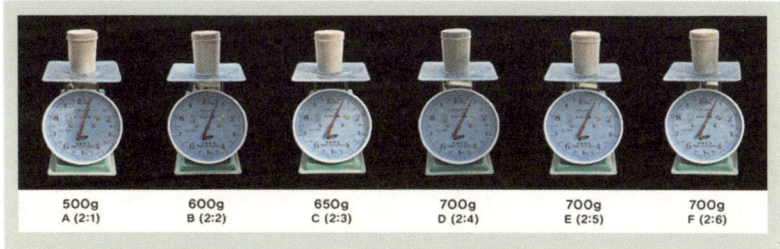

흙에다 모래를 첨가해 무게를 달아 보면서 무거울 때의 비율이 적정 배합이 되는데, 실제 실험한 예를 들어 설명해 보겠습니다. 흙:모래 비율별로 A(2:1)가 500g, B(2:2)가 600g, C(2:3)가 650g, D(2:4)가 700g, E(2:5)가 700g, F(2:6)가 700g으로 나왔을 때, 무게가 많이 나가는 (또는 더 이상 증가하지 않는) D, E, F가 좋은데, 상대적으로 흙이 많이 들어간 D(2:4) 배합이 좋은 배합이라고 할 수 있습니다. 여기서 주의할 점은 이 비율이 모든 흙에 적용되는 것은 아니라는 점입니다. 흙은 공업제품이 아니어서 지역마다 다르기 때문에 집을 지으려고 하는 흙으로 실험해 보아야 합니다.

최밀충전이란 무엇입니까?

● 공극이 많으면 균열이 생기고 강도가 떨어지게 되는데, 이런 것을 방지하기 위해 말 그대로 '가장 조밀하게 채워 넣는다'는 개념이 바로 '최밀충전'입니다.

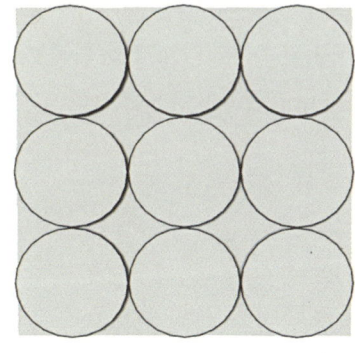 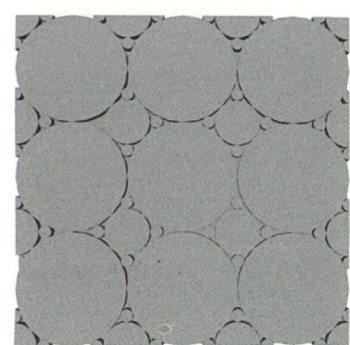

쉽게 생각하면 그릇 안에 콩만 가득 넣었을 때와 콩과 쌀, 좁쌀을 섞

어서 넣었을 때 어디가 더 공극이 적을까를 생각해 보면 이해가 될 겁니다. 이렇게 흙 속의 크고 작은 입자들이 골고루 잘 섞이게 배합을 해 주는 것이 최밀충전입니다. 이렇게 해서 같은 부피에 무거운 경우를 찾는 것이 포인트입니다.

**최밀충전이 되어야 한다고 했는데,
그렇다면 이런 조건을 갖춘 흙을
따로 구할 수 있나요?**

● 나무로 집을 짓는다고 할 때 사실은 나무로 짓는 것이 아니라 집 짓기에 알맞게 가공해 놓은 목재로 집을 짓잖아요. 그것처럼 흙도 흙을 바로 퍼서 집을 지으면 균열이 발생하고 강도가 떨어집니다. 그 흙 안에 있는 구성성분들이 서로 조밀하게 배합되어 있지 않기 때문입니다. 최밀충전을 통해 집 짓기에 적합하게 만들어 준 것을 흙 재료라고 할 수 있는데, 이런 흙 재료로 집을 지어야 합니다. 나무를 베어다가 목재로 가공해 주는 업체는 많이 있는데, 주변에 있는 흙을 집 짓기 좋은 흙으로 바꾸어 주는 업체들이 많지 않아서 직접 집 짓기 좋은 흙을 배합해서 쓰는 것을 권장합니다. 물론 좋은 재료를 생산하는 업체도 있는데 한국흙건축학교나 흙건축협동조합 TERRACOOP(테라쿱)에 문의하면 도움을 받을 수 있습니다.

**배합을 맞출 때 유의해야 할 점은
무엇입니까?**

● 배합을 맞출 때는 기본적으로 물이 들어 있으면 부피나 무게가 달라지니까 흙을 말려서 써야 합니다. 실험실에서는 건조기에 넣어서 건조를 시키는데 일반적으로는 대기 중에

말려서 하고, 급한 경우에는 프라이팬에 볶아 말려서 써도 됩니다.

어떤 흙에도 적용할 수 있는
배합비가 있나요?

● 없습니다. 왜냐하면 지역마다 흙이 너무 다르기 때문입니다. 지역마다 모래와 점토질의 비율이 다르고 모래도 가는 모래, 중간 모래, 굵은 모래의 비율이 달라서 일률적으로 몇 대 몇 이렇게 말하기가 어렵습니다. 그래서 자기가 지을 집에 알맞은 흙의 배합비를 찾아야 합니다. 우리나라 흙은 대부분 아주 가는 모래들이 많기 때문에 일반적인 모래를 섞어 주면 되는데 몇 대 몇으로 섞을 것이냐는 최밀충전 실험을 해서 비율을 정하는 것이 좋습니다. 앞에서 설명한 흙 배합법을 참고하기 바랍니다.

강도 잡는 흙 배합법

**흙은 콘크리트보다
약하지 않나요?**   ● 집을 지을 때 사용되는 콘크리트의 강도는 24MPa 정도인데, 흙은 8MPa 정도입니다. 그런데 그건 흙만 썼을 때 그렇습니다. 흙도 강도를 높이려고 하면 석회 같은 반응물질을 섞으면 콘크리트만큼 강도를 나게 할 수 있어요. 그런데 모든 흙을 그렇게 강도 내는 것이 필요한가? 이것은 생각해 볼 필요가 있습니다. 강도를 내야 할 곳에는 강도를 내고 강도를 안 내도 되는 곳에는 안 내는 것이 중요한 것 같아요. 기존의 콘크리트는 강도를 내야 할 곳이든 안 내야 할 곳이든 똑같이 강도를 쓰는데, 흙은 강도를 낼 때는 강도를 내고 안 낼 때는 안 내고 이렇게 적재적소에 쓸 수 있다는 것이 장점입니다. 그러니까 흙집을 지을 때는 8MPa에서 24MPa 이상까지 다양한 강도의 흙을 사용하는 장점이 있습니다.

**흙에 시멘트를 섞으면 강도나
내구성에 도움이 되지 않나요?**   ● 정반대입니다. 흙에 시멘트를 섞으면 크게 두 가지 문제가 생깁니다. 첫 번째는 환경 문제입니다. 기본적으로 흙을 쓰는 것은 가능하면 시멘트를 적게 쓰기 위해서입니다. 시멘트 1t을 만들 때 1t 가까운 이산화탄소가 배출됩니다. 지구 환경적인 측면에서 문제가 되는 재료인 것이죠. 게다가 쓰고 나서도 자연으로 돌아가지 않기 때문에 지구 환경에 계속 부담을 주는 재료입니다. 인체에 안 좋은 영향을 준다는 것도 있지만, 이산화탄소 문제와 자연으로 돌아가지 않는 문제들 때문에 자연에 부담을 많이 주는 재료라서 그것을 대체하고 덜 쓰려고 하는 것이 중요합니다. 그런 측면에서 시멘트를 섞어 쓰는 것은 좋지 않습니다. 두 번째는 공학적인 문제입니다. 시멘트와 흙을 섞어 쓰면 이 둘이 서로 반응하지 않습니다. 초기에는 시멘트가 반응하기 때문에 굉장히 강도도 좋고 좋아 보이지만 시간이 지나면 흙과 시멘트는 따로 놀게 되고 흙이 가지는 약산성 성분 때문에 콘크리트 강도가 떨어집니다. 대표적인 예가 예전에 나왔던 '소일 시멘트'입니다. 호숫가나 산책로에 흙하고 시멘트를 섞어 쓰면 자연스럽고 좋다고 해서 한동안 많이 썼는데요, 원래 그게 호주에서 먼저 나온 개념입니다. 그런데 호주에서는 2000년도 초반에 그 입장을 폐기했어요. 시멘트와 흙은 반응하지 않고 오히려 시간이 지나면 강도를 떨어뜨리기 때문입니다. 우리나라 공사의 표준을 정하는 콘크리트 공사 표준시방서에도 콘크리트를 만들 때 흙 같은 성분이 일정 부분 이상 들어가지 못하게 아예 규정해 놓고 있습니다. 그런데도 흙에 시멘트를 버젓이 넣어서 파는 업자들이 있습니다. 반성해야 할 문제죠. 속이는 일이니까요.

흙에 강도를 내는 방법은 무엇인가요?

● 흙에 강도를 내는 방법은 첫째, 최밀충전으로 흙 배합을 잘 맞춰서 제대로 된 흙 재료를 만드는 것입니다. 그리고 두 번째로 최밀충전이 된 흙 재료에 석회를 첨가하는 방법입니다. 석회는 흙하고 반응하는 물질이어서 석회를 넣으면 흙의 강도가 발현됩니다. 석회의 첨가량하고 강도하고는 정비례하기 때문에 그 양이

많아지면 많아질수록 강도는 점점 더 높아집니다. 이렇게 흙에다 석회를 섞어서 흙을 고강도화 하면 강도도 높고 물 풀림도 없어서 외부에도 안심하고 사용할 수 있습니다. 건물의 외부 벽체뿐만 아니라, 보도와 차도 심지어 하천 호안에 이르기까지 다양하게 사용됩니다.

흙으로 만들어진 노출 콘크리트 건물.

흙으로 만들어진 보도블록.

흙으로 만들어진 차도블록.

흙으로 만들어진 하천 호안.

석회는 몸에 좋지 않은 물질 아닌가요?

● 그런 걱정도 있을 수 있습니다. 실제로 석회는 그 자체로는 강알칼리 물질이어서 몸에 좋을 게 없습니다. 그런데 석회가 흙과 반응하면 중화되기 때문에 몸에 해롭지 않습니다.

우리 선조들은 이것을 일찍이 깨달아서 석회를 적극적으로 사용했습니다. 왕릉에도 사용했고 대갓집에도 사용했습니다. 한옥을 지을 때 전통적으로 사용하는 재료가 삼화토[三和土, 또는 삼물회(三物灰)]인데, 황토 1 : 석비레(모래) 1 : 석회 1~3의 비율로 섞은 것을 사용했습니다. 석회가 33~60% 정도 들어가는 것을 사용했다는 의미입니다. 석회가 아주 많이 들어갔지요. 물론 이것은 공학적인 기술이 부족하던 옛날 이야기이고, 요즘에는 20% 정도 사용합니다.

아무 석회나 써도 되나요?
● 석회에는 두 가지가 있습니다. 하나는 강회라고 부르는 생석회입니다. 그런데 이 생석회는 농사지을 때는 쓰지만 건축에서는 쓰지 않습니다. 사용할 때 제어하기가 쉽지 않기 때문입니다. 생석회에 물을 섞으면 열을 내면서 아주 격렬하게 반응을 합니다. 플라스틱통에 생석회를 담아서 물을 섞게 되면 통이 다 녹아내릴 정도입니다. 때문에 공사할 때 위험하고 어렵습니다. 그래서 옛날 우리 조상들은 생석회에 물을 부어서 반응을 시키고 남은 소석회를 사용했습니다. '석회 피운다'는 말도 생석회에 물을 넣어서 소석회를 만들 때 연기도 펄펄 나고 격렬하게 반응해서 나온 말입니다. 요즘에는 소석회가 따로 생산되니까 기본적으로는 소석회를 사용하면 됩니다. 그런데 소석회의 경우 흙하고 반응할 때 시간이 가면 갈수록 계속 강도가 세지는 장점이 있는 반면 반응하는 시간이 오래 걸린다는 단점이 있습니다. 그래서 조선시대 왕릉 같은 경우에는 지금 돌덩이처럼 단단해져 있습니다. 문제는 현대 건축처럼 빨리 강도를 내서 사용해야 할 때입니다. 그래서 최근에는 석회를 베이스로 빨리 강도를 낼 수 있게 하는 고강도

석회라는 것이 개발되었습니다. 그래서 일반인들에게는 고강도 석회를 권하는 편입니다.

석회는 얼마나 넣어야 하나요?

● 원칙적으로 강도를 위해서라면 많이 넣는 것이 좋고 흙의 효능을 위해서는 적게 넣는 것이 좋습니다. 그래서 적당한 선을 선택하는 것이 중요합니다. 통상적으로는 힘을 많이 받는 기초나 기둥 같은 곳에는 많이 씁니다. 이런 부분들은 힘을 받아 주는 것과 동시에 물에 잠겼을 때도 물에 풀리거나 하면 안 되기 때문입니다. 강도나 물에 대한 저항성이 좋아야 하므로 석회를 많이 섞어서 쓰는데 보통은 20% 정도를 사용합니다. 방바닥이나 외부 벽체 마감 같이 힘을 받지 않는 부분에는 10% 정도 섞어서 씁니다. 실내 벽체 마감에는 당연하겠지만 석회를 사용하지 않고 100% 흙으로만 쓰는 게 좋습니다. 흙은 그냥 쓰는 게 제일 좋고 강도나 물 풀림 우려가 있을 때 어쩔 수 없이 석회를 섞어서 사용하는 것이니까요.

흙집 짓기

흙집을 짓는 방법에는 어떤 공법들이 있나요?

● 워낙 많습니다. 전 세계에 알려진 것만도 200여 가지나 됩니다. 분류하자면 쌓는 방법에 따라서 개체식, 일체식, 보완식이 있습니다. 개체식은 벽돌 같은 것을 쌓아서 만드는 것이고, 타설처럼 벽체 하나를 한꺼번에 만드는 것이 일체식입니다. 미장처럼 기존 벽에 덧발라서 보완하는 것이 보완식입니다. 개체식에는 대표적으로 흙쌓기, 흙벽돌 공법이 있고, 일체식에는 흙다짐, 흙타설 공법이 있습니다. 보완식에는 흙미장 공법이 있습니다. 이것을 일컬어 흙건축 5대 공법이라고 합니다.

하나하나 설명을 하자면, 흙쌓기는 흙을 반죽해 호박돌만 한 덩어리로 뭉쳐서 그것을 그대로 쌓아 벽체를 만드는 방식입니다. 인류가 제일 먼저 만든 방식이죠. 지금도 아프리카나 중동에서 쓰이고 있는 방식이고, 별다른 도구가 필요 없기 때문에 핸드메이드 하우스라는 별명도 가지고 있습니다. 흙벽돌은 기원전 8000년, 지금으로부터 만 년 전쯤 만든 벽돌이 발견되었을 만큼 오래되었습니다. 흙벽돌 공법은 흙을 벽돌 모양으로 만들어서 차곡차곡 쌓는 것을 말합니다. 흙다짐은 카르타고 지역에서 많이 사용했는데, 기원전 2세기 전까지, 지금으로부터 3,000년 전부터 많이 했던 방법입니다. 흙을 한 켜 정도 넣고 절구공 같은 다짐봉으로 다지고 다시 흙을 부어 넣고 한 켜 다지는 식으로 계속 다져서 벽을 만드는 것입니다. 그런데 이 방법이 힘드니까 카르타고가 망한 뒤 로마 시대부터는 타설로 많이 지었습니다. 흙에 물을 더 많이 넣고 현재 콘크리트 타설하듯이 흙타설을 한 것이죠. 흙미장은 기존에 벽이 있으면 그 위에 바르는 것입니다. 이것을 대표적인 흙건축 5대 공법이라고 얘기합니다.

● 흙쌓기 공법

흙을 반죽해 그대로 쌓아서 벽체를 만드는 방식입니다. 별다른 도구가 필요 없기 때문에 핸드메이드 하우스라는 별명도 가지고 있습니다.

● 흙벽돌 공법

흙을 벽돌 모양으로 만들어서 차곡차곡 쌓는 것을 말합니다.

● 흙다짐과 흙타설

흙다짐은 흙을 부어 넣고 한 켜 한 켜 다져서 벽을 만드는 것입니다. 그런데 이 방법이 힘드니까 흙에 물을 더 많이 넣고 현재 콘크리트 타설하듯이 하는 것이 흙타설입니다.

● **흙미장 공법**

흙벽이든 나무 위든 기존 벽 위에 바르는 것입니다.

흙집의 기초는 어떻게 하나요?

● 흙집의 기초라고 해서 다른 건물과 크게 다르지 않습니다. 방식은 여러 가지가 있을 텐데 가장 전통적인 방식은 강회다짐(물다짐)이라고 부르는 입사기초(立砂基礎)입니다. 의미적으로는 입사(入砂), 말 그대로 모래를 사이사이 관입시키는 것입니다. 자갈을 3~6cm 깔고 그 위에 모래를 3~6cm 덮고 물을 뿌려서 모래 입자가 자갈 사이사이에 다 끼어 들어가게 하는 겁니다. 이걸 계속 반복적으로 하는데 이렇게 하면 시멘트를 쓰지 않고도 아주 단단한 기초가 만들어집니다. 땅이 점토질인 경우에는 강회를 뿌려 가면서 다지기도 합니다. 이것은 로마 시대 때부터 써 왔던 방식이기도 하고 우리 조상들도 아주 오래전부터 써 왔던 방식입니다. 그런데 힘이 많이 들죠. 땅 파고 거기에 자갈 넣고 모래 넣고 자갈 넣고 모래 넣고를 반복한다는 게 많은 노동력이 필요하니까요. 장점은 시멘트를 쓰지 않고도 성곽을 지탱할 만큼 아주 튼튼한 기초라는 점입니다. 이러한 입사기초의 깊이는 동결심도까지 들어가야 하는데, 동결심도란 그 지역의 땅이 어는 깊이입니다. 대략 남부 지역은 30cm, 중남부 지역은 45cm, 중부 지역은 60cm 정도 됩니다만, 지역마다 다르니까 집 지을 때 확인해야 합니다.

그런 다음에 이러한 입사기초 위에 기초 구조물을 만들어 주는데, 하나는 벽돌을 기초처럼 쭉 쌓아서 만드는 방식입니다. 벽돌을 기초로 쓸 때는 거푸집 없이 바로 쌓으면 되니까 간편하다는 장점이 있습니다. 단점은 벽돌이 조각조각 나 있으니까 이것들이 힘을 받거나 하면 부러질 수도 있다는 것입니다. 그래서 그 단점을 보완하기 위해 기초할 때 철근을 넣어서 쭉 연결한다든지 와이어메쉬를 깔아 준다든지 하는 식으로 보강하는 보강벽돌조로 하면 간편하면서도 튼튼한 기초를 만들 수 있습니다. 또한 일반 시멘트 타설하듯이 흙과 석회를 섞어서 타설하는 방식도 있습니다.

벽돌을 이용한 줄기초를 만드는 모습입니다.

흙타설로 온통기초를 만드는 모습입니다.

흙집의 난방은 어떻게 하나요?

● 방바닥에는 우리가 직접 접촉하는 면 아래에 열을 주는 장치들이 있습니다. 그 열을 주는 장치로 예전에는 구들을 놨고요, 요즘에는 그 밑에 끓는 물이 돌아다니는 온수배관을 깔아서 온돌을 놓고 식당 같은 데 간단하게 할 때는 전기패널을 이용합니다. 이것은 여건에 맞춰서 어떤 형태로든 바닥을 덥히도록 하는 거고요, 세 가지 다 국제온돌학회에서 온돌로 인정합니다. 구들의 경우에는 고래가 있다고 해서 고래온돌, 온수를 이용하는 것은 온수온돌, 또

전기필름이나 전기열선을 까는 것은 전기온돌, 이런 식으로 얘기를 합니다.

고래온돌은 전통구들이 있고, 간편구들이나 신구들이 있습니다. 간편구들이나 신구들은 아궁이나 난로를 밖에 두지 않고 실내에 벽난로처럼 돼서 불을 때면 그 열기가 안방으로 들어가서 방을 데우는 식으로 만들 수도 있습니다. 이렇게 하면 겨울날 벽난로 앞에 같이 모여 앉아서 불 때고 놀다가 잘 때 되면 방에 들어가서 따뜻하게 잘 수 있습니다. 온수온돌은 무엇으로 물을 데울 것이냐에 따라 가스로 데우면 가스보일러, 석유로 하면 석유보일러, 전기로 하면 전기보일러(태양광으로 전기를 만들어 사용하는 친환경적인 방법도 있습니다), 나무를 때서 하면 화목보일러가 됩니다. 전기온돌은 전기를 사용하는데 전기보일러처럼 태양광으로 전기를 만들어 사용하는 친환경적인 방법도 있습니다만, 전자파 문제로 영업용으로는 사용하지만 주거용으로는 꺼리는 분위기입니다.

그리고 바닥을 데우는 방식이 아니라 실내 공기를 데우는 방식으로는 지열을 이용하는 방법이 있습니다. 난방뿐 아니라 냉방도 할 수 있고 친환경적이라는 측면에서 많이 주목받고 있는 방식입니다.

구들을 만들고 싶은데 쉬운 방법이 없나요? ● 기존의 구들은 우리가 몇천 년 전부터 쭉 써 왔던 방식입니다. 다른 나라하고 다른 점은 중국은 부분적으로 난방을 한 것은 있지만, 방 전체를 다 덥히는 방식은 우리나라가 거의 처음입니다. 이렇게 온 나라가 구들을 썼다는 것은 그만큼 우리와 잘 맞는다는 것이겠죠. 구들은 오랜 역사와 많은 방식으로 시도되었는데, 그 과정을 거쳐서 만들어진 현재의 방식은 최적화된 방식이라고 볼 수 있습니다. 이 구들은 과학적인 원리가 거의 손을 댈 수 없을 정도로 완벽합니다. 이것을 현대에 맞게 간편하게 만든 것이 간편구들, 신구들입니다. 개량구들이라는 말을 쓰지 않는 것은 개량이란 더 좋게 고치는 것인데 거의 완벽한 구들을 손댈 수 없기 때문입니다. 기존의 구들은 아궁이에서 방바닥까지의 높이차가 적어도 석 자 정도가 필요합니다. 그런데 현대 건축에서 그 정도 높이를 확보하는 것이 쉽지 않습니다. 그래서 높이를 줄여서 시공할 수 있게 만든 것이 간편구들입니다. 간편구들은 아궁이와 방바닥 고래 부분을 분리해서 아궁이를 방 안의 벽난로나 방 밖의 아궁이로 만들고 이 불이 들어가서 바닥을 돌며 데우는 방식입니다. 핵심적인 부분은 단순합니다. 전통구들은 불이 낮은 데서 높은 데로 올라가니까 높이차에 의해 자연배기가 됩니다. 그런데 간편구들은 아궁이와 바닥의 높이차를 해결하기 위해서 바깥쪽에서 팬을 돌려 연기가 빠지도록 하는 강제배기 방법을 씁니다. 이것이 차이입니다. 연통을 고래로 쓰는 연통 방식과 구들장 방식이 있는데, 구들장 방식을 신구들이라고 부르기도 합니다.

간편구들은 어떻게 놓나요?

● 간편구들은 전통구들처럼 아궁이 쪽 방바닥은 두껍고 끝은 점점 얇아지는 입체적인 구조가 아니라 전체 바닥 두께가 똑같은 평면 구조입니다. 나머지는 거의 비슷합니다. 고래를 만들고 그 위에 흙을 덮고 마감합니다. 간편구들은 강제배기식이라서 고래 모양을 자유자재로 만들 수 있는데 가능한 한 복잡하게 만드는 게 열 효율 측면에서 좋습니다. 기본적인 고래 설치 유형은 다음과 같습니다.

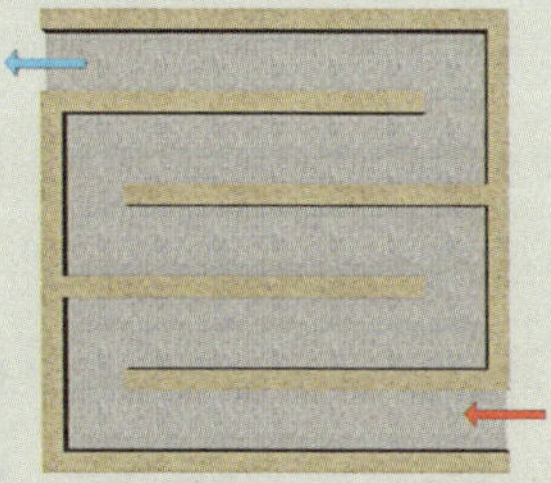

직렬식(줄 고래 - 한 줄) 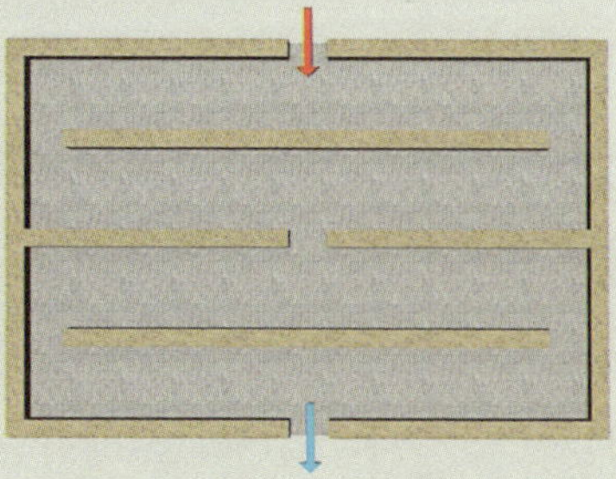 　　　　직렬식(줄 고래 - 두 줄)

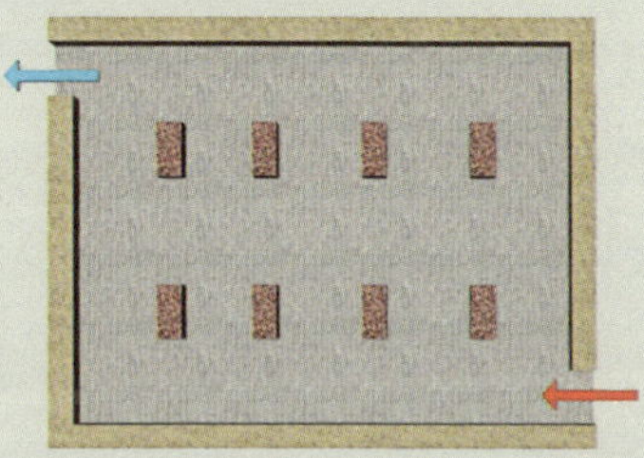

고래의 기본 구성. 직렬식은 열이 순차적으로 전달되어 열을 충분히 사용하는 반면, 아랫목과 윗목이 생깁니다. 이에 반해 병렬식은 열이 전면적으로 전달되어 골고루 따뜻하나 열을 충분히 사용하지 못합니다.

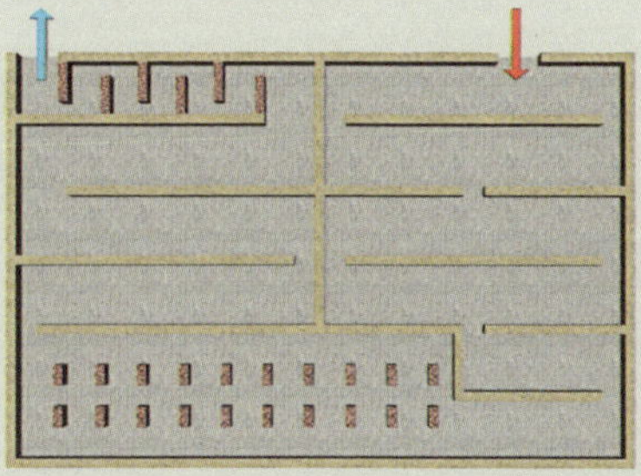

병렬식(홑은 고래)

직렬 병렬 혼합식. 직렬식과 병렬식을 혼용하여 만든 고래입니다.

직렬 위주의 병렬을 혼용한 연통 방식의 간편구들 시공 사례입니다.

직렬 병렬을 혼용한 구들장 방식의 간편구들의 시공 사례입니다

방바닥은 어떻게
시공하나요?

● 온돌은 열을 주는 방식이고 이 위에 무엇을 까느냐인데, 그 위에 시멘트로 마감할 거냐 흙으로 마감할 거냐의 문제가 남는 거죠. 당연히 흙집은 흙으로 마감을 합니다. 왜냐하면 흙의 효과 중에서 원적외선이나 이런 것들은 열이 있을 때 나타나는 효과들이 많기 때문입니다. 그래서 바닥 난방을 할 경우에는 방바닥 마무리를 흙으로 하는 것이 가장 좋습니다. 벽 미장과 달리 바닥 미장은 평활하게 시공되어야 해서 숙련이 좀 필요합니다. 미장공을 따로 불러서 하는 경우가 많고, 요즘에는 자동 수평재가 나와서 황토에 섞으면 자동으로 수평이 맞춰지는 재료도 있습니다. 이런 재료가 있다고 하면 사람들은 대부분 믿지 않습니다. 얼마 전 교육에서 이를 이용해 바닥 미장을 했는데 이를 보고 사람들이 '마술'이라고 말하더군요. 사실 벽 미장보다 바닥 미장이 힘들기 때문에 이런 재료를 이용하면 손쉽게 바닥 미장을 해결할 수 있습니다.

흙으로 미장을 하고 나면 한지를 바르고 나서 콩댐을 하거나 기름 먹인 한지 마감을 하면 좋습니다만, 힘이 들기도 하고 가격도 만만치 않습니다. 보통은 강마루나 장판 같은 것을 하기도 합니다. 흙을 그대로 보려고 한다면 아마인유를 끓여서 일곱 번 정도 바릅니다. 아마인유는 잘 마르지 않아서 일곱 번 정도 바르려면 삼사일 정도 소요되는 단점이 있습니다. 또는 F337이라고 하는 흙마감 전용 마감재를 두 번 정도 바르고 끓인 아마인유를 발라 주면 됩니다. F337은 흙마감 전용으로 개발된 것인데, 천연 재료로 만들어진 것이고, 건조 속도가 빨라서 사용하기가 좋습니다.

흙집은 천장에도 흙을 바르나요?

● 흙집이니까 당연히 천장에도 흙을 바를 수 있습니다. 천장까지 흙을 하면 좋긴 하죠. 그런데 천장에 흙을 바를 때는 공사가 어렵기도 하고 혹여나 흙이 떨어지거나 할 수 있습니다. 이건 시멘트도 마찬가지입니다. 그리고 천장까지 흙을 바르게 되면 집이 약간 토굴 같아 보이기도 하고요. 그래서 저희가 권하는 방법은 바닥, 벽은 흙색으로 가더라도 천장은 거주자의 취향에 따라 흰색, 초록색 등등 다양하게 할 수 있는 여지를 두는 게 좋겠다는 것입니다. 연구 결과 천장까지 흙을 바르지 않더라도 바닥이나 벽에 있는 흙만으로 충분하게 실내 공기의 질이 조절되기 때문에 천장은 자유로이 두는 게 좋을 것 같습니다.

흙집의 지붕은 어떻게 하나요?

● 흙집의 지붕은 흙 자체로 하는 경우와 나무로 하는 경우로 나뉩니다. 흙으로 하는 방법은 전통적인 방식으로 돔이나 아치(정확하게는 볼트) 같은 방식이 있습니다. 벽돌로 하는 것이죠. 아니면 기존의 콘크리트 하듯이 거푸집을 짜서 흙을 타설하는 방법이 있습니다. 나무를 쓰는 경우에는 목구조 하듯이 나무를 연결해서 지붕을 마무리하는 방법입니다. 요즘에는 철재를 사용해서 철재 프레임을 하고 샌드위치 패널을 얹은 경우도 있습니다.

지붕 방수는 어떻게 하나요?

● 천연 재료로 방수를 하는 것은 아

직 개발이 되질 않아서 지붕 방수는 일반적인 방수제를 많이 씁니다. 그래도 아스팔트나 우레탄보다는 다소나마 친환경적인 강판(징크), 금속 기와, 기와 등을 많이 씁니다.

흙집의 지붕에 흙을 이용하고 싶을 때는 어떻게 해야 하나요?

● 옥상녹화라는 방법이 있습니다. 옥상녹화는 유럽에서 많이 하는 방식인데 지붕 위에 흙을 얹어서 풀이나 나무를 심는 방법입니다. 유럽에서는 잔디를 많이 심어요. 그런데 잔디는 손이 굉장히 많이 가거든요. 그래서 잔디를 심는 것은 힘들고 손이 많이 안 가는 풀이 좋습니다. 옥상녹화의 장점은 단열에 도움이 되고 녹지가 끊어지지 않게 보호한다는 것입니다. 건물을 짓게 되면 거기에 있던 풀이나 녹지가 끊어지니까 지붕을 녹화해서 녹지를 연결해 준다는 점에서 아주 중요한 개념이죠. 단점이라고 하면 일반 지붕 만드는 것보다 번거롭다는 것입니다. 그래도 우리 전통 초가지붕의 정서나 철학과 잘 맞닿아 있어서 옥상녹화는 적극적으로 하는 것이 좋겠습니다.

흙집에 욕실은 어떻게 만드나요?

● 흙집에 욕실을 만드는 데는 두 가지 방법이 있습니다. 하나는 타일을 붙여서 기존의 욕실처럼 만드는 방법이고, 두 번째로는 흙을 이용하는 것입니다. 나는 타일이 싫다, 흙집이니까 흙쌓기로 해야 되겠다, 흙이 보여야 되겠다 하면 흙을 발라서 만듭니다. 그런데 흙은 물에 씻기니까 그 위에 천연 방수재를 바릅니다. 아마인유를 끓여서 5~7회 정도 발라 주거나, 또는 F337을 두 번 정도

바르고 그 위에 끓인 아마인유를 한두 번 덧발라 주면 좋습니다.

아마인유를 포함해서 천연 방수재의 방수 능력은 어느 정도인가요?

● 기존의 화학 방수재가 더 나은 것은 사실이지만 천연 방수재도 좋은 편입니다. 아마인유는 발라 주는 횟수에 따라서 달라지는데 처음에 세 번 정도까지는 옆에 비바람을 막아 주는 정도가 되고 일곱 번을 바르면 개수대나 욕조로 쓸 수 있습니다. 실제로 이런 방법으로 개수대를 만들어 쓰는 사례도 있습니다. 이 아마인유는 기존의 페인트나 방수재의 기본 연료입니다. 그런데 아마인유가 썩으니까 방부제 넣고 이런저런 기능을 보강한 것이 방수 능력이 있는 시중의 페인트입니다. 아마인유는 원래 유화 그릴 때 쓰는 유화 기름입니다. 유화가 몇천 년 가잖아요. F337은 두 번 정도만 발라 줘도 이런 효과가 납니다. 그 위에 끓인 아마인유를 덧바르면 됩니다.

흙집 외부 벽체의 처리는 어떻게 하나요?

● 노출 콘크리트와 비교한다면 콘크리트도 내수적이지만 방수적이지는 않습니다. 물에 닿아서 풀리지는 않지만, 물이 스며드는 걸 막아 주지는 못한다는 거죠. 그래서 노출 콘크리트 건물도 바깥쪽에 화학적으로 만든 발수제를 바릅니다. 이 발수제는 수명이 3년에서 5년 사이입니다. 그러니까 3년에서 5년마다 발수제를 한 번씩 발라 줘야 합니다. 안 그러면 물이 스며들거나 얼룩이 질 수 있습니다.

그러면 흙집은 어떻게 하느냐. 끓인 아마인유를 세 번 정도 발라 주는 게 좋습니다. 붓이나 롤러 같은 걸로 바르거나 분무기로 뿌려서 발라도 됩니다. 분무기는 기계 분무기나 농약 칠 때 쓰는 분무기처럼 인력으로 하는 분무기 어느 것이나 괜찮습니다. 천연 마감재인 F337은 한두 번 정도 바르고 그 위에 끓인 아마인유를 덧바르면 좋습니다.

**표면 마감 처리는 매년
해야 하나요?**   ● 아닙니다. 기존의 화학 발수제는
3년에서 5년에 한 번씩 발라 주어야 했는데, 위에서 말한 방법은 처음에 잘하면 반영구적이라고 할 수 있습니다. 처음에 잘하지 못했더라도 다음 해에 더 해 주면 좋고, 가끔씩 5년, 10년, 이렇게 지난 다음에 더 해 주면 좋습니다.

**흙미장을 하면 묻어나는 경우가
있는데 안 묻어나게 하는 방법이
있나요?**   ● 흙미장을 하고 나서 묻어나
는 것을 방지하기 위해서 보통은 풀칠을 해 주죠. 바닷가에서는 해초풀(미역귀나 우뭇가사리)을, 농촌에서는 찹쌀풀이나 밀가루풀을, 산촌에서는 느릅나무풀 같은 것을 발라 주면 좋습니다. 주의하실 건 풀을 너무 진하게 쒀서 한 번에 바르면 껍질이 일어나서 벗겨질 수 있으니까 묽게 쒀서 두세 번 발라 주시는 게 좋습니다. 요즘에는 천연 마감재(F337)가 개발돼서 이를 이용해도 좋습니다. 예전에는 흙 바르고 나서 묻어나니까 사람이 앉아서 기대는 1.2m 아래는 나무를 대거나 한지를 바르거나 했는데 천연 마감재를 바르면 그럴 필요가 없습니다. 싱크대 근처 물

닿는 부분은 외부 벽체 마감처럼 하면 됩니다.

마감할 때 아마인유나 천연 마감재를
발라도 흙이 숨을 쉬나요?

● 물론입니다. 옹기가 숨을 쉰다는 말을 하는데, 저는 사실 그런 측면에서 고어텍스 같은 게 우리나라에서 개발되는 게 맞는 것이 아닌가 싶습니다. 고어텍스 같은 경우 물은 스며들지 못하게 하고 땀은 배출한다고 하는데 원리는 굉장히 간단합니다. 물 분자 크기와 습기의 분자 크기가 다르기 때문에 섬유의 구멍을 그 중간 단계로 해 놓으면 물은 못 들어오고 공기는 통하는 거거든요. 아마인유나 천연 마감재(F337)의 원리도 그렇게 생각하면 됩니다.

말씀하신 천연 마감재는 어떤
재료로 만들어진 것인가요?

● 생분해성 천연수지로 만들어진 것으로 인체에 전혀 해가 없습니다. 먹는 물질을 포장할 때 쓰이는 거니까요. 어떤 물질이 천연인지 아닌지 알아보려면 제일 쉬운 게 태워 보는 것입니다. 그래서 라이터로 그을려 보면 그을음과 고무 탄 냄새가 나는 것은 인공적인 재료, 안 좋은 재료가 들어간 거고요. 천연 마감재를 불태워 보면 그을음이나 고무 타는 냄새가 안 납니다. 이런 천연 물질로 마감하는 게 좋죠.

지금까지 마감에서 제일 어려운 것이 '바닥을 무엇으로 하는가'였습니다. 기껏 흙으로 했는데 그 위에 장판을 깔거나 강화마루를 깔았으니까요. 그런데 이런 것들은 환경호르몬 등의 문제가 있는 재료들입니다. 그래서 흙을 그대로 쓰려고 하는 데 애로사항이 있었던 거죠. 특히 몸이 안 좋으신 분들은 바닥이 굉장히 중요합니다. 흙이 좋다는 것은 크게 실내 공기의 질하고 우리 몸에 직접 방사되는 에너지 두 가지인데, 실내 공기의 질을 결정하는 것은 벽체 마감을 무엇으로 했느냐가 중요하고 이것과 직간접적으로 연관되어 있는 것이 바닥입니다. 바닥에서 환경 호르몬 등이 방사되면 열이 올라갈수록 문제가 되니까 방바닥 뜨끈뜨끈할 때는 아주 안 좋아요. 그래서 바닥이야말로 천연 물질로 하는 것이 제일 좋지요. 그런데 방바닥에 벌건 황토색 있는 건 운동장 같아서 싫은 분들은 바닥에 흙페인트를 칠해서 색깔을 바꾼 다음에 그 위에 마감을 하면 좋습니다.

황토 페인트에도 색깔이 여러 가지가 있나요?

● 페인트는 직접 만들어서 사용해도 되는데, 풀에다가 고운 흙분말을 섞으면 됩니다. 여기에 안료를 섞어서 색깔을 만드는 거죠. 물론 시중에 나와 있는 것을 구입해도 되는데 클레이맥스www.claymaxmall.biz에서 나오는 제품은 추천할 만합니다. 색상은 파스텔톤으로 다양하게 있으므로 본인의 취향대로 선택할 수 있습니다.

흙집에 필요한 관리법이 따로 있나요?

● 관리라고 할 건 없고 실내에는 100% 흙으로 하는 경우가 많기 때문에 물이 들어가면 좋지 않으니까 처음에 아마인유나 천연 마감재(F337)를 한두 번 발라 주는 것으로 충분합니다. 시간이 지나도 아무 문제가 없습니다. 사후 관리보다는 처음

에 그렇게 해 놓으면 좋겠다는 생각입니다. 아마인유를 바르게 되면 색깔이 짙어지기 때문에 감안해서 하면 좋고요. 외벽의 경우는 아마인유를 끓여서 첫해에는 세 번 정도 발라 주시고, 두 번째 해에는 두 번, 세 번째 해에는 한 번, 이런 식으로 발라 주면 좋습니다. 아니면 아예 첫해에 일곱 번 정도 발라 주거나 천연 마감재(F337) 두세 번 바르고 아마인유를 한두 번 덧바르면 특별한 문제없이 오래 갑니다.

흙집의 단열

흙집의 단열은 어떻게 하나요?

● 난방 이전에 중요한 문제가 단열입니다. 단열을 잘해 놓고 나서 난방을 하면 난방이 최소화될 수 있기 때문입니다. 이것이 더 친환경적인 방법이죠. 단열은 벽체나 지붕 단열을 잘하는 것도 중요하고 창의 크기도 중요합니다. 창에서 손실되는 열이 굉장히 많거든요. 요즘은 단열이 잘되는 유리도 나오지만 비싸기도 하고, 아무리 단열이 잘되는 유리라 하더라도 벽만큼 단열이 잘되지 않습니다. 좋은 전망을 원하면 창을 크게 뚫어야 하겠지만 그렇지 않은 곳이면 창을 적절하게 줄이는 것도 좋은 방법입니다. 친환경적인 설계는 단열 잘하고 창 크기를 줄이는 것이 핵심입니다.

흙집도 패시브 하우스가 가능한가요?

● 네, 가능합니다. 흙집을 패시브로 지은 것을 테라 패시브 하우스라고 합니다. 패시브 하우스는 되도록이면 화석 연료를 쓰지 않고 에너지를 적게 쓰는 집입니다. 패시브 하우스

의 핵심은 단열입니다. 에너지를 주지 않고 자체적으로 쓰자는 것이죠. 예를 들면 사람의 체온이나 컴퓨터 발열만으로도 난방 문제를 해결할 정도로 기본적으로는 단열을 잘해서 실내에 있는 열이 밖으로 안 빠져 나가게 하고, 여름철 밖의 뜨거운 열기를 안으로 못 들어오게 하는 것입니다. 그렇게 단열을 단단히 하다 보니 에너지 문제는 잘 해결되는 대신 실내 공기의 질이 문제가 됩니다. 그래서 센서도 붙이고 장치들도 붙이게 되는데 테라 패시브 하우스는 단열은 하되 실내 공기 질을 위해서 기계 대신 흙의 특성을 이용합니다.

테라 패시브 하우스를 짓는 단열 기법에는 여러 가지가 있습니다. 대표적인 것이 단열다짐, 단열블록, 이중쌓기 공법입니다. 모두 단열 기준을 만족합니다. 테라 패시브 하우스의 구조는 한옥의 기둥-보 구조의 장점과 패시브 하우스의 단열 효과가 결합한 형태입니다. 예전 흙집은 나무나 철골 같은 것들을 이용한 기둥-보 구조로 되어 있었습니다. 그런데 콘크리트나 흙은 벽식 구조가 많습니다. 기둥-보 구조는 기둥하고 보가 힘을 받는 구조이고, 벽식 구조는 벽이 힘을 받는 구조입니다. 벽식 구조일 경우 구조적으로 벽이 힘도 받아야 되고 단열도 책임져야 하는 이중의 부담이 있습니다. 그래서 기둥-보 구조로 바꿔 주면 벽은 단열만 전담하게 되어서 단열을 강화하기 쉽습니다.

여기에 흙이 가진 장점들을 접목하자면 흙의 축열성이 있습니다. 국내의 열적 기준은 단열 성능만 갖고 얘기하는데, 실제로 열에는 단열과 축열이 있습니다. 단열은 열을 막아 주는 것이고 축열은 열을 저장하는 겁니다. 우리나라 전통 주거는 축열을 많이 강조해 왔습니다. 대표적인 것이 바닥 구들입니다. 불을 때서 열을 저장했다가 찬찬히 쓰는 그런 기능들도 열을 막아 주는 단열만큼이나 중요합니다. 흙의 축열 성능을 위해 흙을 사용하게 되면 흙의 공기 정화 능력으로 인해 실내 공기 질까지 좋아지는 효과가 있습니다.

결국 단열을 잘하고, 바닥에 구들을 놓고, 벽체는 흙미장으로 마감하면 단열, 축열, 공기 정화의 효과를 모두 거둘 수 있습니다. 유네스코 석좌프로그램 한국흙건축학교에서 지은 많은 집들이 대부분 이렇게 지어진 테라 패시브 하우스입니다.

흙집으로 단열 기준을 맞출 수 있나요?

● 그럼요. 흙집에 대한 몇 가지 오해 중 하나가 흙집은 여름에 시원하고 겨울에 따뜻하다는 것입니다. 이 말은 맞는 말입니다. 예전에 우리 한옥은 크게 와가와 초가가 있는데 와가, 즉 양반들 기와집은 벽체가 굉장히 얇았습니다. 수수깡이나 외를 엮은 다음에 흙을 발라 놓은 것이니까요. 그래서 겨울에 엄청 춥습니다. 여름에는 엄청 덥고요. 그럼 어떻게 극복을 했느냐? 하인들이 극복을 시켜줬죠. 밤새 불 때 주고 하니까요. 반면에 일반 초가집들은 흙으로 벽체를 두툼하게 만들었기 때문에 기와집 와가에 비해서 여름에 시원하고 겨울에 따뜻했습니다. 그래서 흙집은 여름에 시원하고 겨울에 따뜻하다고 얘기하는 겁니다.

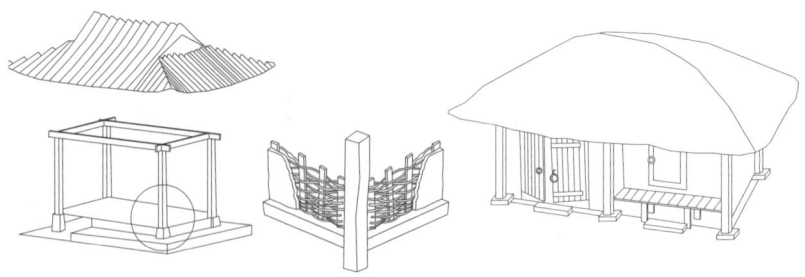

그런데 지금 시점에서는 그것이 맞지 않을 수 있습니다. 왜냐면 국가에서 정한 단열 기준을 맞춰야 하고, 그 기준에 맞지 않으면 건축 허가를 내주지 않기 때문입니다. 이 단열 기준은 매번 강화되는 추세로 가고 있습니다. 이 기준에 맞추려고 하면 흙만으로는 어렵습니다. 흙만으로 현 기준을 맞춘다고 하면 벽체가 2m는 되어야 할 거예요. 그래서 흙벽을 쌓으면서 단열재를 같이 조합해서 써야만 단열 기준에 맞출 수 있습니다.

그럼 단열재는 어떤 것이 있느냐? 여러 가지 있는데 시중에서 많이 쓰는 스티로폼도 있고 발포우레탄 같은 공업적인 단열재들도 있습니다. 하지만 저는 친환경 단열재를 권합니다. 예를 들면 숯이나 왕겨를 태운 왕겨숯(훈탄) 같은 겁니다. 그런데 왕겨숯은 가격이 좀 나가는 편이니까 저렴하게 왕겨를 그냥 쓰기도 합니다. 이때 왕겨를 그냥 쓰면 썩거나 벌레가 생기기 때문에 소금이나 베이킹소다 등을 충분히 넣어서 써야 합니다. 이외에도 요즘 많이 시도되고 있는 종이로 만든 단열재나 코르크로 만든 단열재, 양모로 만든 단열재 등이 있습니다.

흙집의 단열을 위한 구체적인 공법은 무엇인가요?

● 흙집의 단열을 위한 방법은 몇 가지가 있는데, 먼저 단열흙다짐이 있습니다. 기존의 흙다짐에 단열성을 강화한 것이지요. 두 번째로는 단열흙블록입니다. 왕겨블록같이 그 자체로 단열성이 있는 것으로 벽체를 만드는 방법입니다. 세 번째는 이중쌓기 공법인데, 기존에 많이 사용하던 공간쌓기를 개량한 것입니다. 마지막으로 이중심벽이라고 해서 기존의 단일심벽을 이중으로 만들어서 그 가운데에 단열재를 넣는 방법입니다.

단열흙다짐을 하는 방법과 성능은 어떤가요?

● 단열다짐은 말 그대로 단열을 높인 다짐입니다. 다짐이라고 하는 게 흙건축 공법 중에서 표면이 제일 예쁜 공법입니다. 그래서 예쁜 표면을 살리기 위해 가운데 단열재를 넣고 다지는 겁니다. 단열재는 종류별로 어떤 걸 써도 상관없는데 가장 저렴한 것은 왕겨입니다. 단열재를 180~200mm 정도 넣고 양쪽에 100~150mm 정도 흙을 다져서 전체 벽체 두께가 450mm 정도를 만들면 굉장히 좋은 단열 성능을 갖게 됩니다. 가운데 왕겨를 집어넣을 때는 그냥 넣으면 다질 때 어렵기 때문에 양파망 같은 데 담아서 이용하면 편리합니다. 이렇게 하면 겉으로 보기에는 다짐만 보이니까 굉장히 예쁘고 안에는 단열 성능이 있어서 좋습니다.

단열흙다짐은 단열재를 180~200mm 정도 넣고 양쪽에 100~150mm 정도 흙을 다져서 전체 벽체 두께가 450mm 정도의 벽체를 만드는 것입니다.

단열흙다짐벽. 겉으로 보면 보통의 흙다짐과 똑같지만 내부에 단열재가 들어 있어서 단열 성능이 우수합니다.

단열흙블록은 어떻게 만들고 성능은 어느 정도인가요?

● 단열블록은 말 그대로 단열 성능을 높이는 블록입니다. 흙과 왕겨를 섞어서 만드는데, 크기는 블록 정도로 크지만 왕겨가 들어가기 때문에 무겁지 않습니다. 왕겨 대신 훈탄이나 볏짚을 섞어도 상관없습니다. 왕겨가 제일 구하기 쉽고 싸기 때문에 쓰는데, 이렇게 만들면 단열 등급으로 보면 스티로폼보다 조금 못한 정도입니다. 하지만 단열흙블록을 450mm 두께가 되도록 벽을 쌓으면 수준 높은 단열 성능을 가지게 됩니다. 벽체 작업하기가 편하기도 하고, 추후 실내에 싱크대 고정 같은 내부 마감 작업을 할 때 못 박기가 좋은 장점이 있어 많이 선호하는 공법입니다. 기둥의 배치 방식에 따라 속기둥 방식과 외부기둥 방식으로 나눕니다.

속기둥 방식의 단열흙블록. 기둥을 벽체 내부에 만들어서 외견상으로는 흙블록만 보이는 특성이 있습니다.

외부기둥 방식의 단열흙블록. 기둥을 벽체 외부에 만들어서 흙기둥과 흙블록이 같이 보이는 특성이 있습니다.

이중쌓기 공법은 무엇인가요?

● 이중쌓기 공법은 기존에도 많이 사용하던 공간쌓기를 개량한 것입니다. 기존에는 벽돌을 이중으로 쌓고 그 사이에 단열재를 넣은 데 비해, 이것은 내외부에 단열블록을 쌓고 그 사이에 단열재를 넣는 방식입니다. 단열 성능을 강화한 것이고요. 필요에 따라서 외부 벽은 벽돌로 하여 비바람에 대한 저항성을 높일 수도 있는데, 그럴 경우에는 단열 증대를 위해 가운데 단열재 두께를 늘려 주어야 합니다. 외부기둥 방식도 사용하긴 하지만 주로 속기둥 방식을 많이 사용합니다.

이중쌓기 방식의 모습. 벽체 내외부를 철사나 철물로 연결해 주는 것이 좋은데, 여기서는 철물점에서 파는 폼타이를 사용했습니다. 또한 외부 벽은 고강도 벽돌을 이용하여 비바람에 견디게 해 주는 것도 좋습니다. 그럴 경우에는 단열 증대를 위해 가운데 단열재 두께를 늘려 주어야 합니다.

이중쌓기의 속기둥 방식. 기둥이 벽체 내부에 설치되는 방식입니다.

단열을 위한 이중심벽은 어떻게 만드나요?

● 심벽은 우리나라 전통 건축 중에서 기둥과 기둥 사이의 하얀색 벽을 말합니다. 그 말은 기둥보다 두께가 얇다는 얘깁니다. 그러니까 당연히 단열이 안 되고 춥습니다. 그래서 그걸 이중으로 만들어 놓고 그 사이에 단열재를 채워 넣는 것이 이중심벽입니다. 그러면 단열재 채우는 만큼 단열이 됩니다. 흙집은 물론 한옥에도 쓸 수 있는 방법입니다. 보통 기둥이 있고 벽체가 있으면 기둥과 벽 사이가 벌어져서 바람이 들고 하는데 이중으로 만들면 바깥쪽을 기둥이 보이는 심벽으로 만들고 실내는 기둥이 안 보이게 해서 기둥과 벽 사이에 벌어지는 걸 예방할 수 있습니다. 이렇게 하면 바람도 안 들어오고 단열도 잘됩니다.

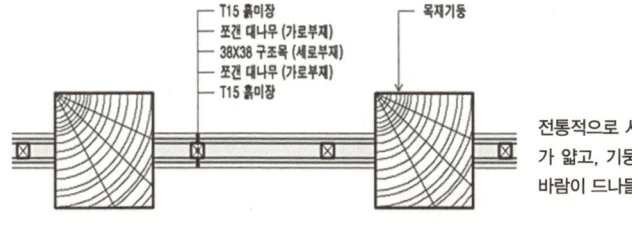

전통적으로 사용된 단일심벽. 벽체가 얇고, 기둥 사이의 틈새로 인해 바람이 드나들어 춥습니다.

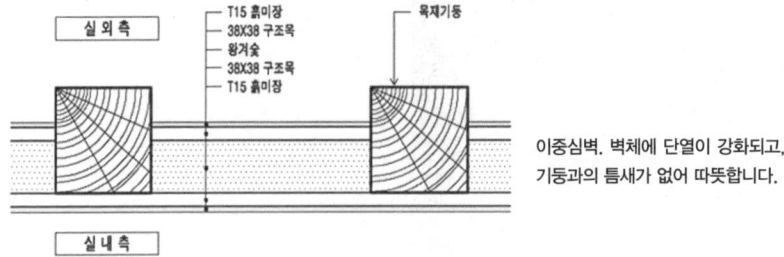

이중심벽. 벽체에 단열이 강화되고, 기둥과의 틈새가 없어 따뜻합니다.

흙집의 단열층은 어디에 하는 것이 좋은가요?

● 흙집뿐 아니라 어떤 집도 바깥쪽에 하는 것이 좋습니다. 겨울을 예로 들면 실내에서 불을 때기 때문에 열이 벽에 저장됩니다. 이때 바깥쪽에 단열층이 있으면 벽의 열이 바깥으로 빠져나가지 않고 실내로 들어오게 됩니다. 여름에는 바깥의 열이 바깥쪽 단열층에서 차단되니까 안으로 들어오지 않습니다. 만약에 단열층을 안쪽에 만들면 여름에는 벽이 열을 받게 되고 겨울에는 실내에서 불을 피우면 단열재 때문에 벽에 축열이 되지 않습니다. 그래서 단열층은 바깥쪽에 만드는 게 좋습니다.

흙집, 혼자서 지을까?
맡겨서 지을까?

/

혼 자 짓 기

/

흙집은 혼자서 지을 수 있다던데요?

● 흙집의 장점은 재료도 그렇고 인건비도 그렇고 혼자서 지을 수 있는 가능성이 많은, 또 가능한 집이라는 점입니다. 물론 기존의 시멘트집도 내가 시멘트를 사다가 흙집 짓듯이 하면 가능합니다만 그게 쉽지 않습니다. 시스템이 산업화와 맞물려 있어서 그렇습니다. 종래의 건축 산업은 산업화된 건축 생산 시스템입니다. 그런 시스템 속에서 내가 뭔가 한다는 것은 엄두 내기가 어렵고 그렇게 하기도 쉽지 않고 그렇게 하면 오히려 더 비쌀 수도 있어요. 그런데 흙집은 능대능소(能大能小)입니다. 자기가 직접 집을 지을 수도 있고, 전문가의 도움을 받아서 일부 참여할 수도 있고, 아니면 전문가의 힘으로 다 지을 수도 있습니다. 모든 가능성이 다 열려 있다고 할 수 있습니다. 이것이 기존의 건축 시스템과 다른 점이라 할 수 있습니다. 현대 흙건축의 선구자라 불리는 하산 화티Hassan Fathy의 말은 많은 것을 생각하

하산 화티가 마을 사람들과 세운 구르나 마을의 일부입니다.

게 합니다. "한 사람은 한 채의 집조차 지을 수 없다. 그러나 열 명이 모이면 열 채의 집도 매우 쉽게 지을 수 있다. 백 채의 집조차 가능하다."

흙집을 혼자 지으려면 얼마나 배워야 하나요?

● 예전에는 다들 흙집은 스스로 지을 수 있다고 생각했습니다. 어릴 때부터 보고 자라면서 자연스럽게 배웠으니까요. 하지만 지금은 대부분 한번도 흙집 짓는 걸 본 적이 없기 때문에 기초부터 지붕까지 직접 집 짓는 것을 배워야만 합니다. 기초부터 지붕까지 한번 경험해 보면 눈썰미 있거나 손재주 있는 분들은 다 지을 수 있습니다. 그런데 나는 정말 손재주가 없다 하는 사람은 두세 번 반복해야 합니다. 유네스코 석좌프로그램 한국흙건축학교의 경우 24학점을 기준으로 하는데, 그 24학점에는 각 공법을 포함해서 흙집을 두세 번 정도 지어 보는 과정으로 되어 있습니다. 그렇게 한번 해 보면 혼자 짓는 데 큰 무리가 없을 걸로 생각됩니다.

그리고 흙집을 지을 때 집을 짓는 범위에 대해서도 궁금할 텐데요. 예를 들면 싱크대 만드는 것도 배우나요? 전기도 가르쳐 주나요? 하고 묻습니다. 물론 한국흙건축학교에서 가르치기는 하지만 전기나 설비를 이해하기 위한 것이라고 생각하시고, 전기나 상하수도 설비는 전문 업자를 불러서 하는 게 좋습니다. 법적으로도 그렇고 안전 문제에 있어서도 그렇습니다. 실제로 집을 짓는 업자들도 전기나 상하수도 설비는 전문 기술자들을 불러서 합니다. 싱크대는 보통 싱크대 기술자를 불러서 맞추지만 손재주가 있으면 직접 만들어도 좋습니다.

여러 공법 중에서 혼자 짓기 좋은 공법은 무엇인가요?

● 흙건축 5대 공법에 흙쌓기, 흙벽돌, 흙다짐, 흙타설, 흙미장이 있습니다. 흙미장은 마무리 공법이니까 제외하고, 나머지 4개의 공법 중에서 흙벽돌이 가장 쉽습니다. 흙쌓기는 흙을 비비기가 성가신 면이 있습니다. 다짐이나 타설은 거푸집을 짜야 하는 문제가 있어서 혼자 하기가 상대적으로 만만치 않습니다. 결국 흙벽돌이 제일 만만합니다. 하나하나 쌓으면 되니까요. 아무래도 흙벽돌이 거푸집이 필요 없어서 혼자 짓기에 적합하다고 생각합니다. 인류가 오랫동안 흙벽돌을 이용해 온 것도 누구나 쉽게 할 수 있고 시간이 날 때 짬짬이 할 수 있는 장점이 있기 때문입니다. 물론 흙다짐 같은 경우도 거푸집을 짜 놓고 나면 시간 될 때마다 한 켜 한 켜 다지면 됩니다.

흙벽돌을 직접 만들 수 있나요?

● 그렇습니다. 흙벽돌을 만드는 데는 크게 두 가지 방법이 있습니다. 나무틀을 만들어서 그 안에 흙을 넣고 마치 메주 만들 듯이 만드는 방식이고, 다른 하나는 벽돌 만드는 기계를 구입해서 하는 것입니다. 그런데 이 방법은 권하지 않습니다. 왜냐

하면 벽돌 만드는 기계가 비싸기도 하거니와 벽돌 기계로 만들려고 할 때 기계를 사용할 수 있을 만큼 흙을 배합하고 물의 양을 맞추는 게 쉽지 않아서입니다. 그리고 기계로 만든 벽돌이 그다지 예쁘지도 않습니다. 나무틀을 이용해서 만들면 약간 귀퉁이가 나가기도 하고 모양이 약간 뒤틀리기도 해서 한 장 한 장 보면 안 좋아 보이는데 그걸 쭉 쌓아 놓으면 굉장히 고급스러운 느낌이 납니다(요즘에는 공장에서도 기계로 반듯하게 만든 다음에 모서리를 일부러 깎아내서 빈티지한 느낌의 벽돌로 만듭니다. 다 만든 벽돌을 흙이랑 같이 기계에 넣어 돌려서 마치 오래된 벽돌 느낌이 나게 만들어 더 비싼 값으로 팔기도 합니다). 그래서 나무틀을 이용해서 만드는 게 좋겠다고 생각합니다.

　벽돌의 규격은 국제 표준 규격이 190×90×57mm입니다. 우리가 주변에 흔히 보는 시멘트 벽돌이나 붉은 벽돌 모두 이 사이즈입니다. 아니면 이형 벽돌이라고 해서 자기 원하는 사이즈대로 할 수도 있습니다. 그런데 공사를 직접 해 보면 표준 벽돌을 정한 이유를 알 수 있습니다. 만들기도 쉽고 계산해서 쌓기도 쉽습니다. 벽돌이 더 커지면 쌓기는 수월해져서 좋기는 한데, 무거워서 쌓을 때 굉장히 애를 먹습니다. 시중에 파는 흙벽돌들은 대부분 블록 정도의 크기입니다. 일반 벽돌처럼 작게 만들면 잘 부서지기 때문입니다. 흙의 강도를 잘 못 내니까요. 그래서 큼지막하게 만드는데 이게 굉장히 무겁습니다. 나르기도 힘들고요. 물론 왕겨를 넣어서 가벼운 단열흙블록은 크게 만드는 게 유리합니다. 결론적으로 어떤 크기나 형태로 해도 좋은데 해 보면 강도를 내는 벽돌은 표준 벽돌로 하는 것이 좋고, 왕겨를 넣어서 만드는 단열흙블록은 300×130×130mm 정도로 크게 만드는 것이 좋습니다.

벽돌이나 블록을 만들기 위한 틀은 자신이 직접 만들어서 사용하면 좋습니다. 면이 반질반질한 미장합판을 사용하면 되고, 흙벽돌은 190×90×57mm로, 단열흙블록은 300×130×130mm 정도로 만들면 좋습니다.

단열흙블록을 만들어 말리는 모습. 단열흙블록은 흙벽돌에 왕겨를 넣어 단열성을 높인 블록입니다.

흙벽돌에도 색을 낼 수 있나요?

● 색깔 있는 흙을 쓰면 됩니다. 그런데 우리나라의 흙은 색이 다양하지 않기 때문에 색소를 넣어서 색깔 벽돌을 만듭니다. 이때 색소는 천연 물질에서 추출한 안료라는 것을 씁니다. 흙에 염색하는 거죠. 이렇게 만드는 것이 성가시고 번거로우면 벽을 만들어 놓고 다양한 색깔의 흙페인트를 칠하는 것도 간편한 방법입니다.

흙집 짓는 것을 배우려면 어디로 가야 하나요?

● 우리나라에 아시아 최초로 유네스코에서 인증하는 흙건축 고등교육 기관이 생겼습니다. 한국흙건축학

교가 바로 그것입니다. 목포에 본교가 있고 완주에 있는 캠퍼스에서 교육을 하는데 흙집 짓는 것을 가르치는 여러 곳 중에서도 가장 체계적이고 이론적으로 배울 수 있는 곳입니다. 7박 8일 과정도 있고, 2박 3일, 1박 2일, 주말, 주중 교육 과정 등 여러 가지 커리큘럼이 있으니까 자신에게 맞는 과정을 찾아 들으면 됩니다.

/

맡겨 짓기

/

제대로 된 흙집 전문가를 만나기가 쉽지 않다던데요?

● 흙집 전문가를 만나기가 쉽지 않다는 것은 대학에서 1년에 몇천 명씩 나오는 졸업생 중에서 흙을 전문적으로 배우고 나오는 사람이 정말 적기 때문입니다. 몇천 명 중에 서너 명만 흙을 배우니까 만나기가 어려운 겁니다. 그러나 지금은 유네스코 석좌프로그램 한국흙건축학교에서 전문가가 계속 배출되고 있기 때문에 앞으로는 만나기 쉬워질 것입니다. 이 학교에서 배출된 전문가를 중심으로 흙건축 조합도 결성되어 있으니까 그곳으로 연락하면 문제는 해결될 수 있습니다.

흙집을 지어 주는 건축사나 전문 시공사가 있나요?

● 많습니다. 흙집을 짓겠다는 시공

사도 많고요. 흙집을 지을 때 많은 분이 생각하시는 것이 별달리 배우지 않아도 지을 수 있다는 것인데, 예전에는 아버지든 삼촌이든 할아버지든 주변에서 하는 것을 보고 배웠다는 전제가 있어서 가능했던 거고, 요즘에는 그렇지 않죠. 그래서 그런 역할을 해 줄 수 있는 사람들이 필요합니다. 아버지나 삼촌의 역할을 해 줄 사람들은 설계하고 시공하는 과정을 이해해야 하는데 설계 따로 시공 따로 얘기하는 것 자체를 어려워하잖아요. 그래서 제가 추천하는 곳이 흙건축협동조합 TERRACOOP(테라쿱)입니다. 이곳에 가면 설계에서 시공까지 전 과정을 상담해 주고 컨설팅해 주고 때로는 같이 짓기도 해서 건축 프로세스 전반에 걸친 자문과 조언과 협력을 받을 수 있습니다.

흙집을 잘 지어 주는 곳의 기준이 있나요?

● 흙집을 잘 지어 주는 곳의 기준은 흙을 제대로 쓰는지 여부입니다. 흙을 제대로 쓴다는 것은 흙을 흙답게 쓰는 건데 그것은 세 가지 하지 말아야 하는 것을 지키는 것입니다. 불에 굽거나 본드를 쓰거나 시멘트를 섞거나 하지 않는 것이죠. 왜냐하면 불에 구우면 흙의 조직 구조가 바뀌어서 흙이 아닌 것이 되니까 그렇고, 본드를 쓰면 흙이 가지는 건강한 기능들을 다 상실하기 때문에 그렇고, 시멘트를 섞는 것은 흙건축이 시멘트를 쓰지 않고 대체하려고 하는 의도에 어긋날 뿐만 아니라 시멘트와 흙이 섞이면 장기적으로 봤을 때 강도에 문제가 생기기 때문입니다. 그런데 실제로 이 세 가지(불에 굽거나 본드를 쓰거나 시멘트를 쓰지 않는)를 지키려고 하면 굉장히 어려워요. 그래서 흙에 대한 깊이 있는 이해와 지식 습득이 필요하고 그런 것들을 잘할 수 있는, 흙의 특성을 잘 살릴 수 있는 곳이 제대로 된 흙집을 짓는

곳이 됩니다. 그런 면에서 흙건축협동조합 TERRACOOP(테라쿱)은 굉장히 좋은 곳이라고 생각합니다. 흙을 흙답게 잘 사용하는 기술적인 측면뿐만 아니라 흙을 배우신 분들이 흙을 사회적으로 환원하려는 의지를 갖고 구현한다는 점에서 그렇습니다.

흙찜질방 만들기

**찜질방을 만들 때 주의사항은
무엇인가요?** ● 찜질방을 만들려고 하는 목적은
사람마다 다르겠지만, 공통적인 것은 바닥의 구들과 그것으로 인한 열
기를 활용하여 몸의 피로를 풀고 몸을 활성화하여 건강한 상태를 유지
하려는 것입니다. 따라서 바닥과 벽체의 재료는 생태적인 재료를 사용
하는 것이 가장 중요합니다. 바닥은 구들장 위에 황토를 바른 후 가능하
면 그대로 사용하는 것이 좋으므로 F337을 바르거나 끓인 콩기름을 발
라서 사용하는 것이 좋고 경우에 따라서는 한지를 까는 것도 좋습니다.
벽체 재료도 흙이나 나무 같은 천연 재료를 사용하는 것이 좋고, 단열재
도 친환경 단열재를 사용하는 것이 좋습니다.

**찜질방의 규모는 얼마가
적당할까요?** ● 찜질방은 보통 6~7평 정도로 많
이 짓는데, 사용하기도 적당하고 농막 규모라서 인허가도 수월한 측면
이 있습니다. 그리고 공사비 측면에서도 6평 이하는 5평이나 4평이나

거의 같은 비용이 들어가게 되는데 이는 아무리 작아도 들어갈 재료는 다 들어가야 하므로 규모가 작아진다고 공사비가 적어지지 않습니다. 이것을 '최소 규모의 법칙'이라고 합니다. 찜질방은 보통 화장실이나 싱크대 같은 설비가 들어가지 않기 때문에 6평 정도가 최소 규모라고 볼 수 있고, 일반적인 주택에서는 15평 정도가 최소 규모라고 할 수 있습니다. 15평에 7,500만 원이 들었다고 하면 20평에는 1억 원, 25평에는 1억 2,500만 원이 들게 되어서 규모에 따라 공사비가 비례해서 들지만, 15평에 7,500만 원이 들었다고 해서 13평에 6,500만 원, 10평에 5,000만 원 이런 식으로는 되질 않고 13평도 10평도 거의 7,500만 원이 들게 되는 것이지요.

흙으로 찜질방을 만들려고 하는데 조건이 따로 있나요?

● 조건이 따로 있지 않습니다. 기본적으로 시골은 6평 이하는 농막으로 생각하면 간단히 지을 수 있습니다. 단, 시골이 아니면 신고를 해야 합니다. 찜질방을 지을 때는 바닥은 당연히 구들로 하겠지만, 모양은 다양하게 할 수 있습니다.

가장 적합한 흙찜질방 시스템과 모양은 어떤 건가요?

● 찜질방은 기본적으로 구들을 전제로 합니다. 원래는 구들방이라고 불렀습니다. 구들은 전통구들을 놓는 게 가장 좋겠지만 힘드니까 요즘은 간편구들을 많이 놓습니다. 간편구들 중에서도 신구들은 기존 전통 방식하고 똑같은데 배출할 때 강제 배기식으로 배출하니까 벽난로하고 연결할 수도 있고 방바닥보다 난로

를 높게 할 수도 있고 자유자재로 할 수 있어서 간편합니다.

찜질방 모양은 거주자의 선택에 따라 달라집니다. 취향에 따라서 원통형으로 짓기도 하고 네모난 움막 형태로 짓기도 하고 세모 형태도 있습니다. 굳이 하나를 권한다면 피라미드 형태로 하는 것도 재미있을 것 같습니다. 피라미드의 효과에 대해서 전 세계적으로 이런저런 것들이 많이 알려져 있긴 한데 그것을 다 믿지는 않더라도 믿져 봐야 본전이니까 나쁘지 않을 것 같습니다. 모양도 시야를 많이 가리지 않기 때문에 나쁘지 않은 형태입니다.

흙건축 주요 기관

/

한국흙건축학교
www.terrakorea.com

/

목포대학교 흙건축연구실Architecture Community of Terra, ACT은 2002년부터 흙건축 대중 교육 프로그램인 흙건축 캠프를 진행하고 있고, 2009년에는 유네스코 고등교육부가 인준하는 국제적인 교육 프로그램인 흙건축 석좌프로그램UNESCO Chair Earthen Architecture을 교육할 수 있도록 인가를 받았습니다. 이를 바탕으로 사단법인 한국흙건축연구회가 5년여의 준비 끝에 2013년 유네스코 석좌프로그램 한국흙건축학교를 개교함으로써 수준 높은 흙건축 교육의 대중화가 이루어지게 되었습니다.

한국흙건축학교의 교육 프로그램은 일반 대중을 대상으로 하는 흙집 짓기 교육을 하는 종합 과정이 있고, 종합 과정 졸업생을 대상으로 전문적인 교육을 하는 전문가 과정으로 구성되어 있습니다. 자세한 내용은 홈페이지www.terrakorea.com를 참조하시면 좋겠습니다.

유네스코가 지정한 유네스코 흙건축 석좌프로그램 공식 로고.

흙건축협동조합 TERRACOOP(테라쿱)
http://cafe.daum.net/earthcoop

유네스코 흙건축 석좌프로그램UNESCO Chair Earthen Architecture, 국제기념물유적협의회ICOMOS, 프랑스 국립 흙건축연구소CRATerre가 주최하고, 한국흙건축연구회TerraKorea, 국립 목포대학교 흙건축연구실Architecture Community of Terra, ACT이 주관한 국제흙건축대회 TerrAsia 2011이 아시아에서는 최초로 한국에서 개최됨으로써 한국의 흙건축은 한 단계 도약하게 되었습니다. 이러한 성과들을 바탕으로 유네스코 석좌프로그램 한국흙건축학교가 만들어졌고, 체계적인 흙건축 교육을 받은 사람들이 많이 배출되었습니다.

한국흙건축학교의 교육 과정을 이수한 사람들이 연구자, 시공자, 건축사 등 전문가 등과 손잡고 상업적이고 미혹적인 흙집이 아니라 제대로 된 흙집을 짓기 위해 만든 조직이 바로 흙건축협동조합 TERRACOOP(테라쿱)입니다. 한국흙건축학교 종합 과정을 이수한 졸업생이면 가입할 자격이 주어지며, 올바른 건축을 위한 사회 환원적인 흙건축 활동을 본격화하고 있습니다. 일반인들이 궁금해하는 흙집 짓기 전 과정을 자세히 알려 주고, 좋은 건축 재료 소개 및 좋은 건축사 상담에 이르기까지 다양한 도움을 주고 있어서 흙집 짓기 원스톱 서비스를 충분히 받을 수 있습니다.

3장

흙집 짓기를
―
배우다

예전에는 자기가 살 집은 자기가 지었습니다. 동네 사람들이 울력하여 나름 근사한 집을 지었죠. 하지만 지금은 집 짓는 것은 엄두도 내지 못합니다. 왜 그럴까요. 물론 시간이나 돈이 없어서이기도 하겠지만, 더 중요한 이유는 배우지 못해서 그런 것 같습니다. 예전에는 아버지나 삼촌, 동네 어른들 어깨너머로 집 짓는 것을 배웠고, 자라서는 같이 지어 보고 하면서 자연스럽게 집 짓는 방법을 익혔던 것이지요.

이번 장에서는 예전에 어른들 어깨너머로 배워서 집 짓기의 기본이 되었던 방법들을 그림과 사진으로 하나씩 배워 보려 합니다. 집을 지어가는 과정은 단계마다 여러 가지 방법이 있어서 전체적으로는 많은 집 짓기 방법이 존재합니다. 우스갯소리로 집 짓는 방법은 365만 가지가 있다고도 합니다. 나름 다 중요한 방법이어서 어느 것만 옳다고 할 수는 없습니다. 간혹 자기의 방법만 옳고 다른 것은 다 틀리다고 열을 내는 사람들도 있지만, 튼튼하다면 어느 것 하나 버릴 것이 없습니다. 다만 그러한 방법들을 잘 선택해서 쓰는 지혜가 필요한 것이지요.

여기에서는 2002년부터 진행해 온 집 짓기 교육을 통해서 도출된 '튼튼한 집을 쉽게 짓는' 방법을 중심으로 설명하겠습니다. '튼튼하고 쉽게'라는 기치로 진행하다 보니 용어를 단순화해서 쓴 것도 있고 재료가 과해 보이는 경우도 있습니다만, 꼭 필요한 것만을 골라 놓은 것이라는 걸 말씀드립니다.

그럼, 먼저 집 짓기 순서에 따라 그림을 통해 배워 보겠습니다. 이후에 유네스코 석좌프로그램 한국흙건축학교의 동네 흙집 사랑방 짓기 교육에서 실제 진행된 내용을 사진을 통해 익혀 보도록 하겠습니다.

그림으로 배우는 흙집 짓기

여기에서는 그림을 통해 흙집 짓기 공정을 배워 보겠습니다.

흙집 짓기 공정은 '기초 – 벽체 – 지붕 – 마감' 순으로 진행됩니다. 기초, 벽체, 지붕의 순서는 크게 달라지지 않지만, 기둥을 철골로 하는 경우에는 기초를 하고 기둥을 세우고 지붕을 먼저 한 이후에 벽체를 할 수도 있습니다. 마감은 '천장, 벽체 미장, 바닥(구들)' 순으로 하는 것이 보통이지만, 경우에 따라서 다소 달라지기도 합니다. 현장 여건에 따라 선택적으로 순서를 바꾸어도 무방합니다.

여기에서는 가장 많이 하는 '기초 – 벽체 – 지붕 – 마감[천장 – 벽체 미장 – 바닥(구들)]' 순서로 살펴보도록 하겠습니다.

오른쪽 그림과 같은 집을 짓는 것으로 설명하겠습니다. 단열흙다짐과 단열흙블록을 사용하는 집을 지어 보시지요.

기초 ─── 벽체 ─── 지붕 ─── 마감(천장) ─── 마감(내벽) ─── 마감(바닥) ─── 완성

터파기   ● 땅을 동결심도까지 팝니다. 동결심도란 겨울에 땅이 어는 깊이로 지역마다 달라서 미리 확인하여야 합니다.

입사기초   ● 자갈을 채우고 모래를 채운 후 물을 부어 모래가 자갈에 완전히 스며들도록 합니다. 이를 계속합니다. 전통적인 기초 방법으로써 콘크리트를 쓰지 않고도 튼튼한 기초를 만들 수 있습니다. 물다짐이라고도 합니다.

기초 ──── 벽체 ──── 지붕 ──── 마감(천장) ──── 마감(내벽) ──── 마감(바닥) ──── 완성

기초 만들기 ● 고강도 벽돌로 기초를 만듭니다. 매 켜마다 와이어메쉬나 철근으로 보강해 줍니다.

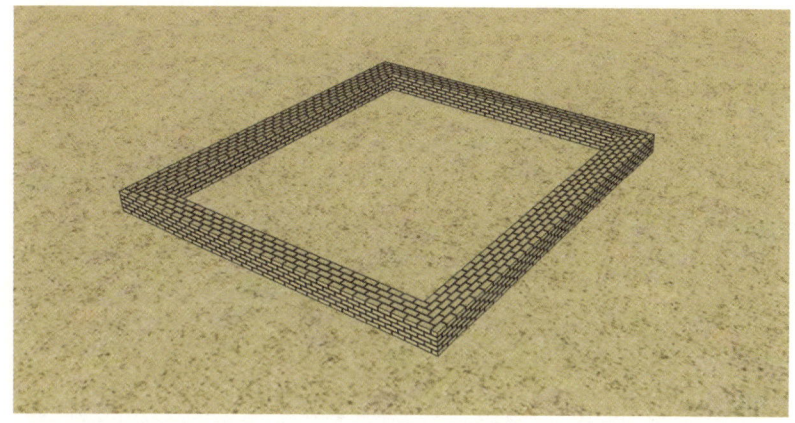

기둥 벽체 철근 매립 ● 고강도 흙벽돌로 쌓아서 기초를 만듭니다. 매 켜마다 철근이나 와이어메쉬를 넣어서 튼튼하게 합니다. 기둥이나 벽체에 들어갈 철근도 기초를 만들 때 같이 묻어 줍니다.

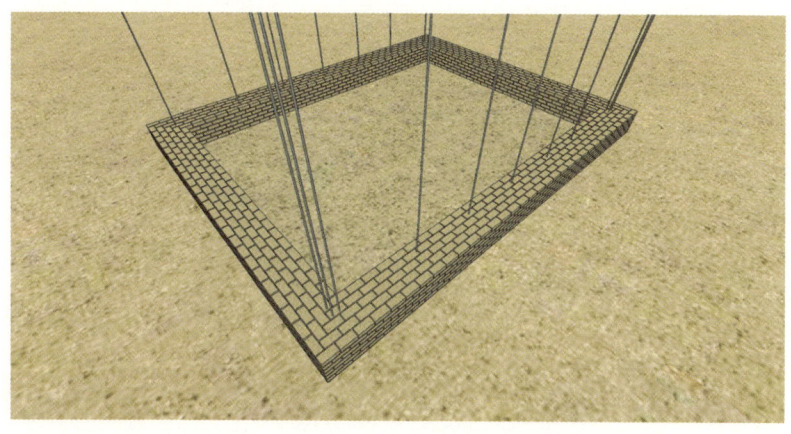

기초 ─── **벽체** ─── 지붕 ─── 마감(천장) ─── 마감(내벽) ─── 마감(바닥) ─── 완성

단열흙다짐   ● 가운데 단열층을 두는 흙다짐으로 벽체를 만듭니다.

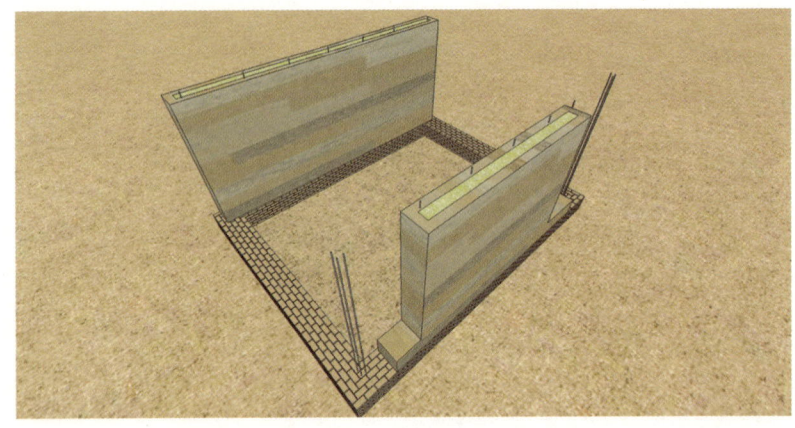

단열흙블록   ● 단열흙블록을 쌓습니다. 3~4단에 한 번씩 와이어메쉬를 깔아 주고, 힘을 받는 기둥은 속기둥 방식으로 하여 고강도 흙을 채우면서 쌓습니다.

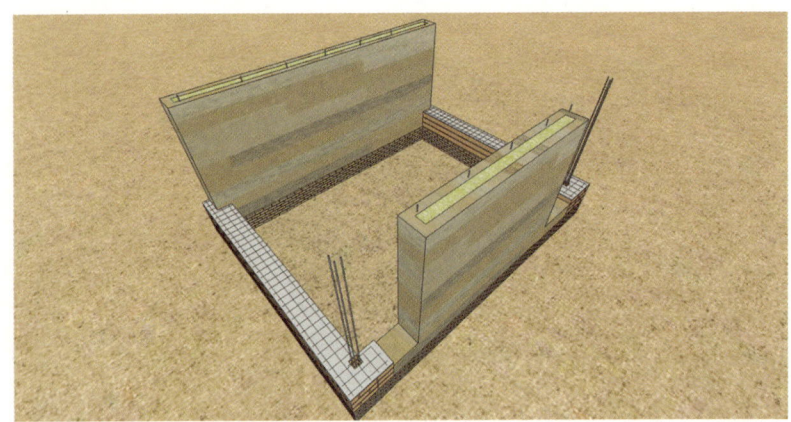

기초 ──── **벽체** ──── 지붕 ──── 마감(천장) ──── 마감(내벽) ──── 마감(바닥) ──── 완성

단열흙블록   ● 단열흙블록은 1.5B 쌓기로 합니다. 왼쪽 끝처럼 흙다짐 벽을 감싸 맞물리게 쌓아서 틈이 생기지 않도록 하면 좋습니다.

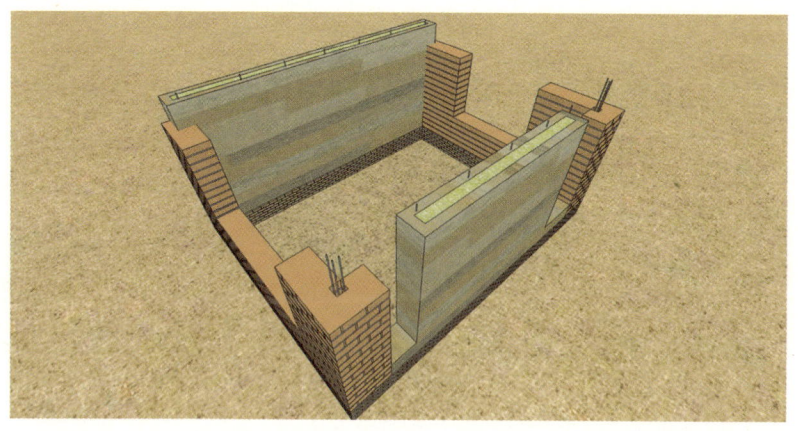

벽돌 쌓기법   ● 벽돌 반 장 쌓기는 0.5B, 한 장 쌓기는 1B, 한 장 반 쌓기는 1.5B라고 합니다.

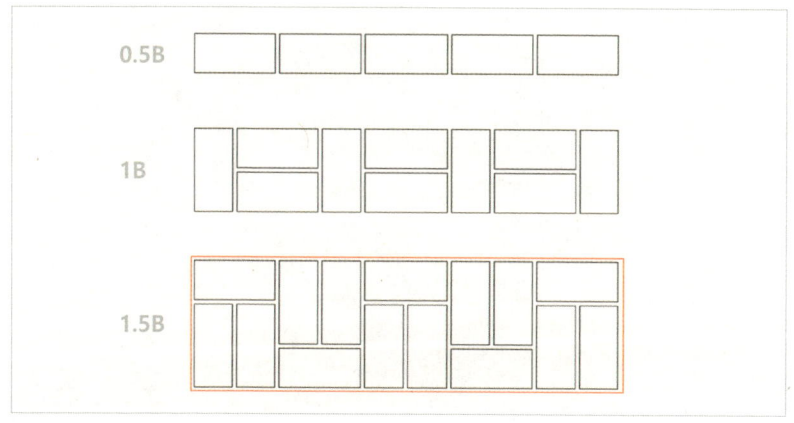

기초 ── **벽체** ── 지붕 ── 마감(천장) ── 마감(내벽) ── 마감(바닥) ── 완성

인방 철물 설치   ● 창틀 위나 문틀 위에는 철근 같은 철물을 배치해서 상부 하중을 분산시켜 주어야 창틀이나 문틀이 휘지 않습니다. 철물은 벽체 쪽으로 30cm 이상 묻히도록 하는 게 좋습니다.

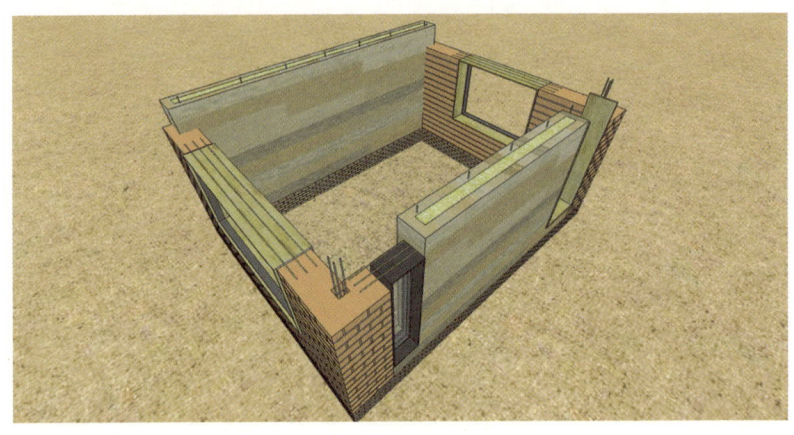

단열흙블록 쌓기   ● 필요한 높이까지 쌓아서 마무리합니다.

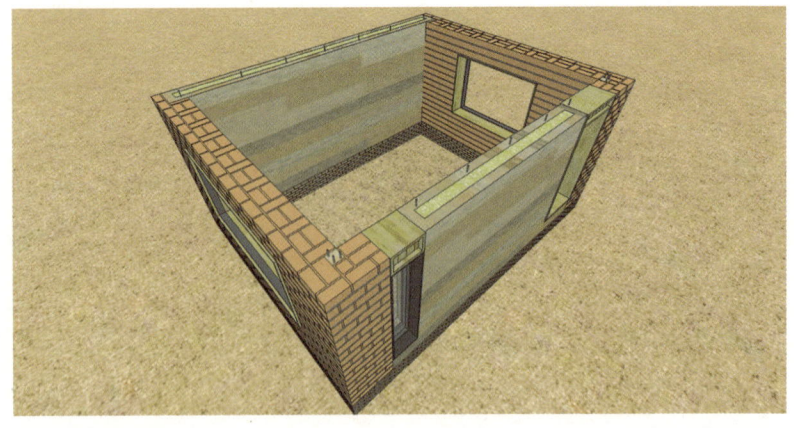

기초 —— 벽체 —— **지붕** —— 마감(천장) —— 마감(내벽) —— 마감(바닥) —— 완성

깔도리 설치　　● 벽체 쌓기가 마무리되면 벽체 상부에 깔도리를 깔아 줍니다. 깔도리는 벽체와 기둥 철물에 고정시킵니다.

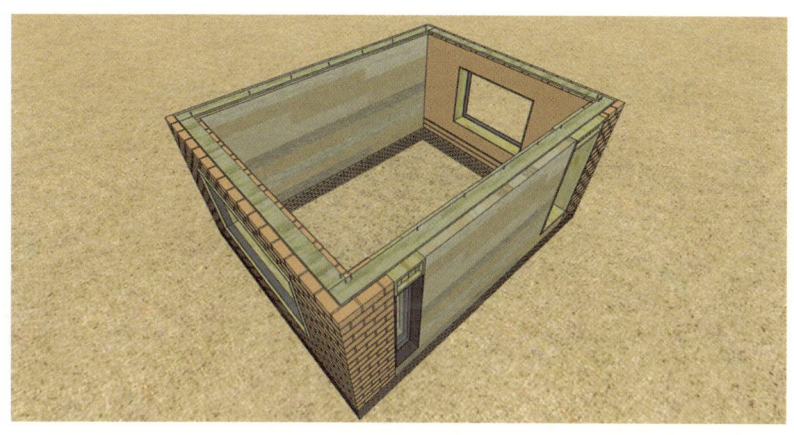

깔도리 설치　　● 깔도리는 두 겹으로 단단히 고정시킵니다.

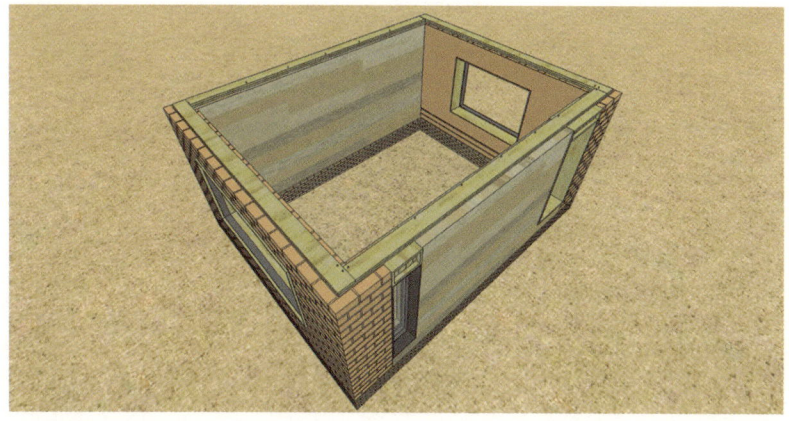

기초 ──── 벽체 ──── **지붕** ──── 마감(천장) ──── 마감(내벽) ──── 마감(바닥) ──── 완성

깔도리 설치　　● 깔도리를 두 겹으로 할 때, 서로 엇갈리게 하는 것이 좋습니다.

테두리 설치　　● 깔도리 테두리에 목재를 붙여 테두리보를 완성합니다. 이 테두리보에 동자기둥을 설치하게 됩니다.

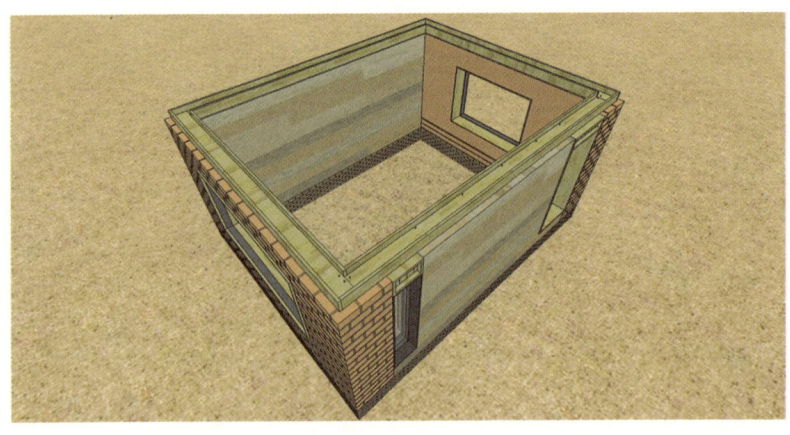

| 기초 —— 벽체 —— **지붕** —— 마감(천장) —— 마감(내벽) —— 마감(바닥) —— 완성 |

천장보 지지대   ● 단열 두께를 고려하여 테두리보 아래쪽으로 천장보 지지대를 설치합니다.

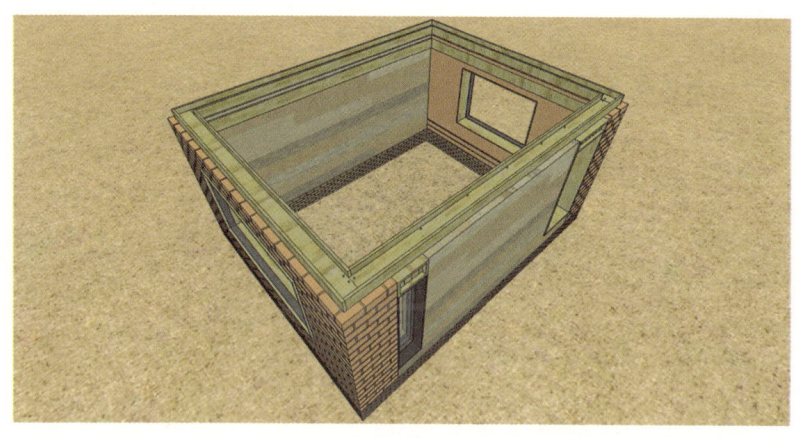

천장보 설치   ● 천장보 지지대에 천장보를 설치합니다.

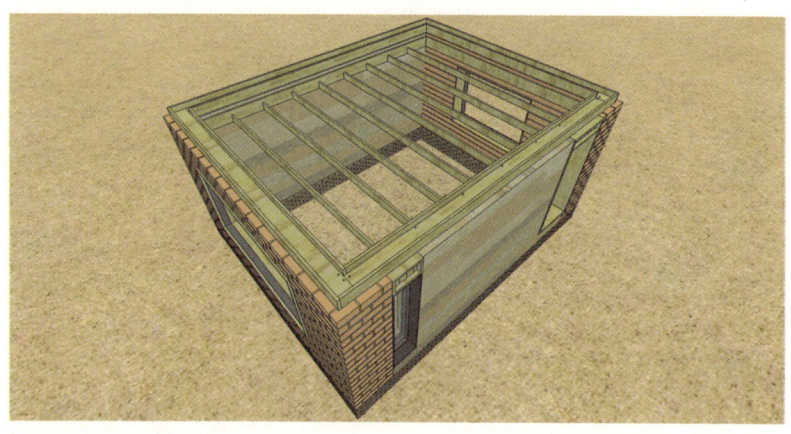

기초 ──── 벽체 ──── **지붕** ──── 마감(천장) ──── 마감(내벽) ──── 마감(바닥) ──── 완성

천장널 설치   ● 천장보 위에 천장널을 설치합니다. 천장널은 2×6″ 같은 목재로 깔 수도 있고 합판을 깔 수도 있습니다. 천장널을 먼저 시공하는 이유는 여기를 밟고 서서 지붕 작업을 편하게 하기 위해서입니다.

동자기둥 설치   ● 테두리보에 동자기둥을 끼워서 설치합니다.

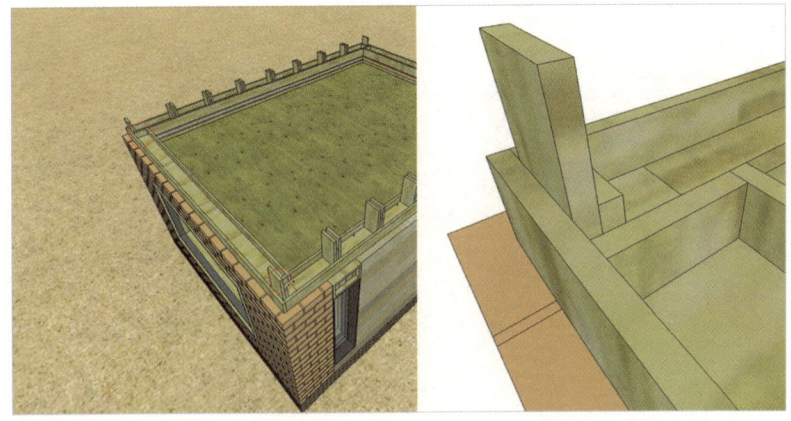

기초 ─── 벽체 ─── **지붕** ─── 마감(천장) ─── 마감(내벽) ─── 마감(바닥) ─── 완성

동자기둥   ● 동자기둥은 사이에 서까래를 끼워 고정하게 되는데, 아래 그림의 점선 안에 있는 동자기둥 사이의 목재 높이로 물매를 조절합니다.

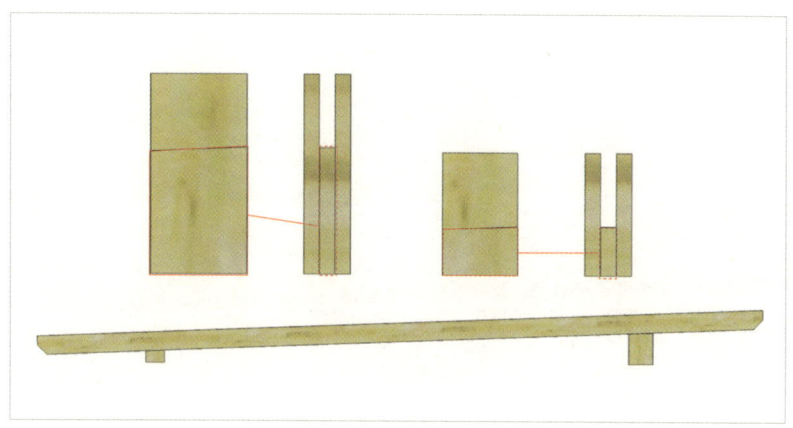

서까래 설치   ● 동자기둥 사이에 서까래를 끼워 고정합니다.

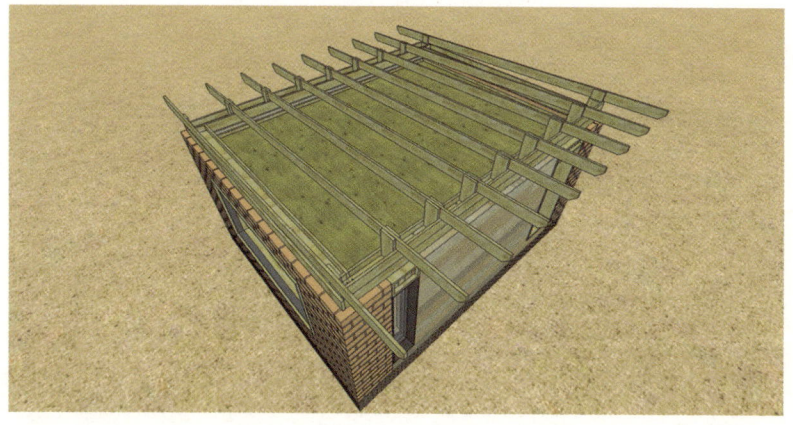

기초 ——— 벽체 ——— **지붕** ——— 마감(천장) ——— 마감(내벽) ——— 마감(바닥) ——— 완성

방충망 설치 ● 쥐나 벌레의 침입을 막기 위해 방충망을 설치합니다. 방충망은 지금 할 수도 있고 나중에 지붕널을 깐 후에 할 수도 있습니다.

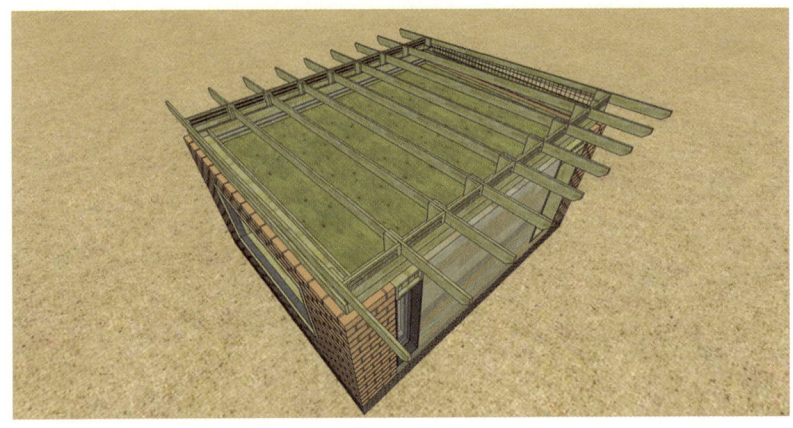

방충망 ● 건물 전면부와 측면부의 방충망 모습입니다. 이 방충망을 잘 활용하면 지붕이 떠 있는 것처럼 보이게 할 수도 있고 다양한 연출을 할 수 있습니다.

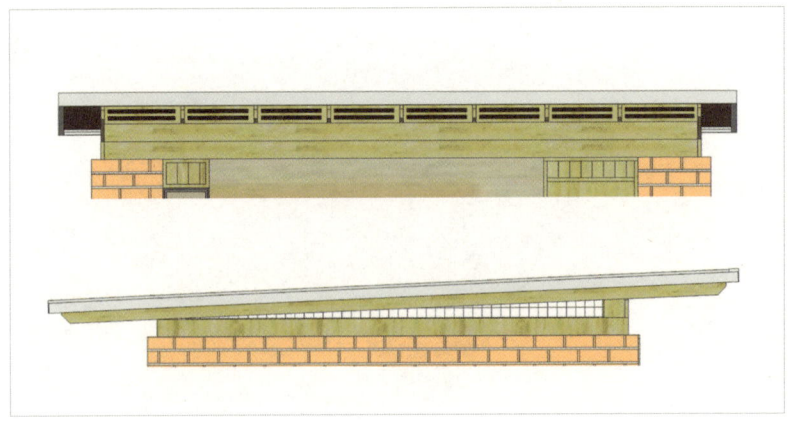

기초 ——— 벽체 ——— **지붕** ——— 마감(천장) ——— 마감(내벽) ——— 마감(바닥) ——— 완성

방습지 깔기 ● 실내에 발생하는 습기를 차단하여 결로를 막아 주기 위해 방습지를 깝니다.

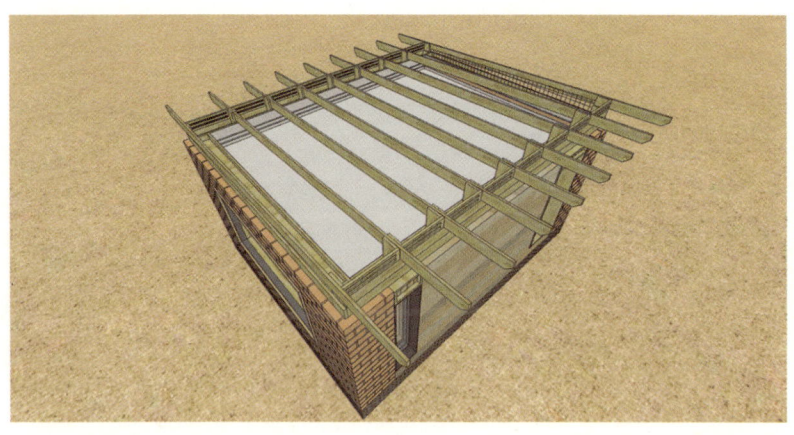

단열재 채움 ● 단열재는 무기질 섬유를 쓸 수도 있고 왕겨숯을 쓸 수도 있습니다.

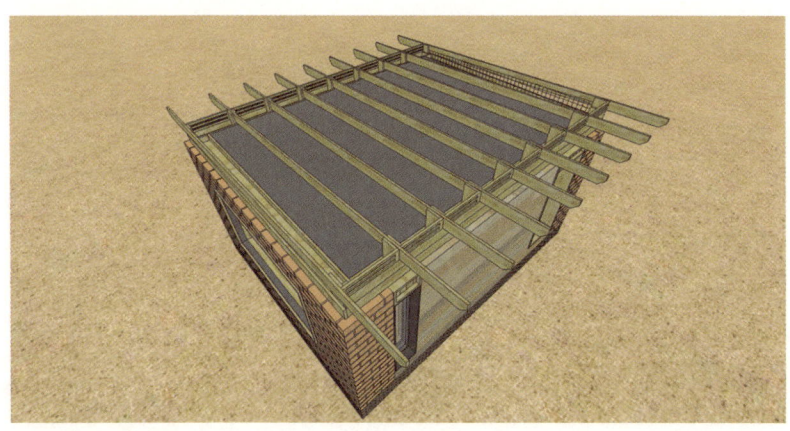

기초 ──── 벽체 ──── **지붕** ──── 마감(천장) ──── 마감(내벽) ──── 마감(바닥) ──── 완성

방습지 덮기   ● 단열재를 채우고 나면 방습지를 덮어 줍니다. 무기질 섬유의 경우 생략할 수 있습니다.

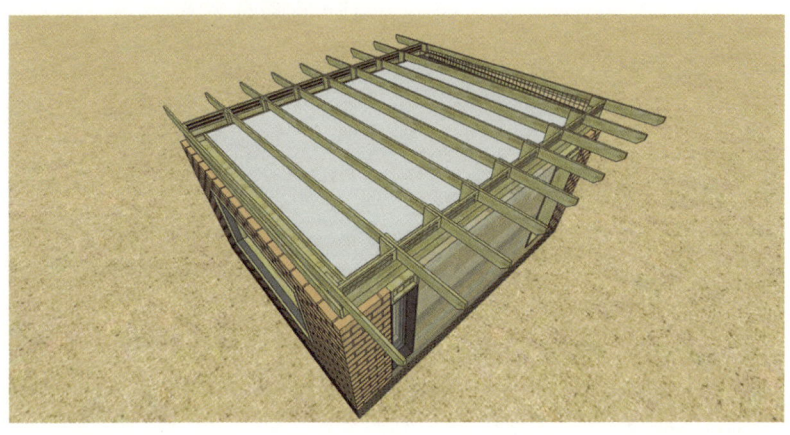

지붕널 설치   ● 단열재 작업이 끝나면 서까래 위에 지붕널(개판)을 설치합니다.

기초 ——— 벽체 ——— **지붕** ——— 마감(천장) ——— 마감(내벽) ——— 마감(바닥) ——— 완성

방수지 깔기　　● 지붕널 위에 방수지를 깔아 줍니다.

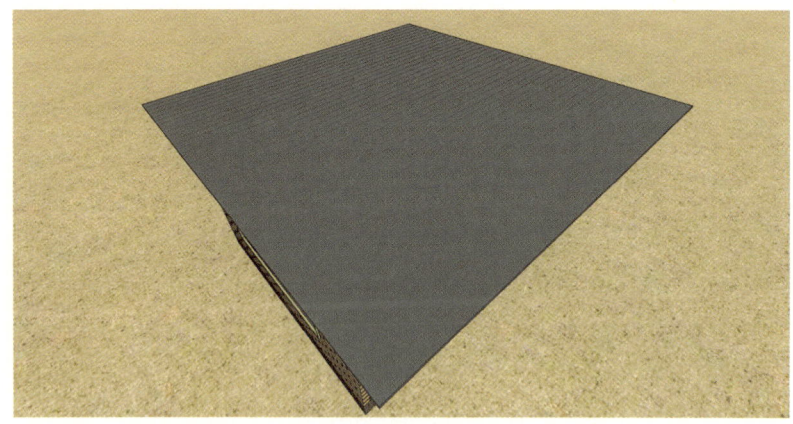

측면 후레싱 설치　● 후레싱은 지붕에 빗물이 침투하지 못하게 하는 부재입니다. 측면 후레싱은 지붕 강판을 깔기 전에, 정면 후레싱은 지붕 강판을 깐 후에 설치합니다.

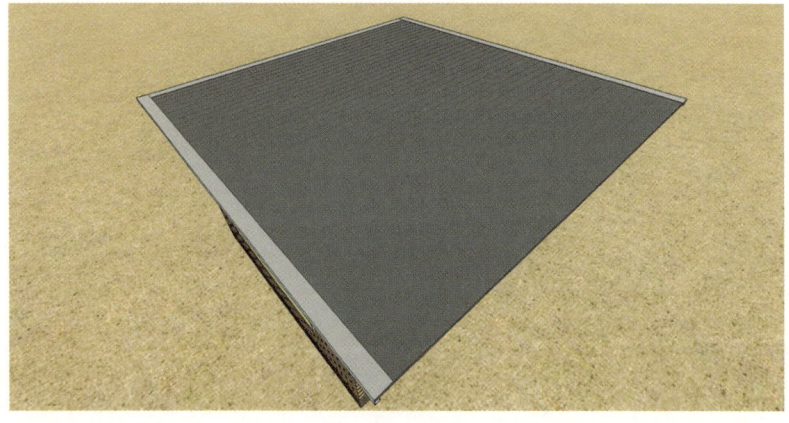

기초 ─── 벽체 ─── **지붕** ─── 마감(천장) ─── 마감(내벽) ─── 마감(바닥) ─── 완성

지붕 강판 설치　● 강판을 깔아 줍니다. 강판 이외에도 금속기와, 징크, 기와 등 자신이 원하는 재료로 깔 수 있습니다.

정면 후레싱 설치　● 지붕 강판 밑으로 빗물이 침투하지 못하도록 정면 후레싱을 덮습니다.

기초 —— 벽체 —— 지붕 —— **마감(천장)** —— 마감(내벽) —— 마감(바닥) —— 완성

천장 마무리 ● 천장보 위에는 천장널을 덮고 단열재를 얹었는데, 천장 아래로는 천장판을 붙여서 도배하여 마무리하거나 목재 루버로 마감합니다.

목재 루버 ● 목재 루버로 마감합니다. 촘촘히 붙이면 단정한 천장의 느낌을, 일정한 간격을 두고 붙이면 높은 천장의 느낌을 살릴 수 있습니다.

기초 ──── 벽체 ──── 지붕 ──── 마감(천장) ──── **마감(내벽)** ──── 마감(바닥) ──── 완성

벽체 마감   ● 단열흙다짐 벽체는 미장 없이 마무리하고, 단열흙블록 벽체는 흙미장을 하여 마무리합니다.

벽체 마감   ● 100% 흙으로 흙미장하여 마무리합니다. 주로 흙손으로 미장(일명 칼미장)하여 평활한 면을 만듭니다. 외벽은 손으로 미장(손미장)하여 자연스러운 느낌으로 마무리합니다.

기초 ──── 벽체 ──── 지붕 ──── 마감(천장) ──── 마감(내벽) ──── **마감(바닥)** ──── 완성

기준선 그리기 ● 바닥을 마무리할 기준 높이를 정하고 선을 그립니다. 수평은 물수평계를 이용하거나 자동수평계를 이용합니다.

방습지 깔기 ● 방습지나 비닐을 깔아 줍니다.

기초 ——— 벽체 ——— 지붕 ——— 마감(천장) ——— 마감(내벽) ——— **마감(바닥)** ——— 완성

단열재 채움   ● 단열흙블록이나 펄라이트같이 불에 강한 단열재를 채워 줍니다.

와이어메쉬 설치   ● 단열재는 단단하지 않으므로 상부에 흙을 채우게 되는데, 이때 흙이 균열가지 않고 고루 펴지도록 와이어메쉬를 설치합니다. 단열흙블록인 경우 생략할 수 있습니다.

기초 ──── 벽체 ──── 지붕 ──── 마감(천장) ──── 마감(내벽) ──── **마감(바닥)** ──── 완성

흙 고르기   ● 흙을 고르게 펴서 채워 줍니다.

고래 설치   ● 벽체 주위로 벽돌을 깔아 줍니다.

기초 —— 벽체 —— 지붕 —— 마감(천장) —— 마감(내벽) —— **마감(바닥)** —— 완성

고래 설치   ● 벽돌을 이용하여 고래를 만드는데, 간편구들(신구들)은 자유로운 고래 만들기가 가능합니다.

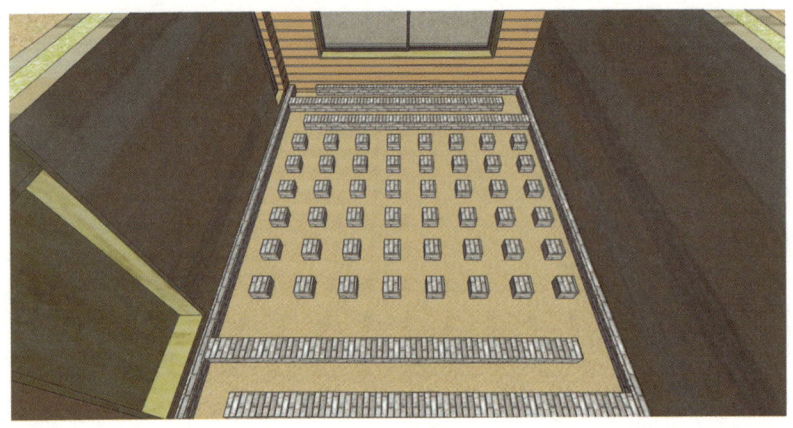

판석 덮기   ● 주로 500×500×50mm 판석을 사용합니다.

기초 ──── 벽체 ──── 지붕 ──── 마감(천장) ──── 마감(내벽) ──── **마감(바닥)** ──── 완성

흙미장 ● 판석 위에 흙을 50mm 정도 깔아서 미장합니다.

바닥 마감 ● 흙미장 위에 한지 장판으로 마감하거나, 기름을 여러 번 발라서 마감합니다.

기초 ── 벽체 ── 지붕 ── 마감(천장) ── 마감(내벽) ── 마감(바닥) ── 완성

완성   ● 단열흙블록은 손미장하거나 줄눈만 잘 정리하여 블록 느낌이 나게 마무리할 수도 있습니다. 외부 벽체는 방수를 위해 천연 마감재인 F337을 한두 번 정도 바르고 그 위에 끓인 아마인유나 콩기름을 덧바르거나, 끓인 아마인유나 콩기름을 너덧 번 발라주어 마무리합니다.

사진으로 배우는 흙집 짓기

여기에서는 실제 사례를 통해 흙집 짓기 방법을 배워 볼 것입니다.

흙건축에 관한 가장 권위 있는 교육 기관인 유네스코 석좌프로그램 한국흙건축학교의 교육 과정에서 실제로 이루어진 흙집 짓기 교육을 중심으로 살펴보겠습니다.

이 교육은 통상 6일에서 7일 정도의 기간[기초 1일, 벽체 2일, 지붕 2일, 내부 미장 및 외부 마감 1일, 바닥(구들) 1일]에 여러 가지 공법으로 흙집 사랑방을 짓는 과정입니다. 그중에서 가장 대표적인 공법인 단열흙블록 이중쌓기를 이용한 흙집 짓기, 단열흙다짐을 이용한 흙집 짓기, 단열흙다짐과 단열흙블록을 이용한 흙집 짓기에 대해서 살펴보겠습니다.

각각의 방법들은 기본적인 내용은 같지만 공법별로 차이가 있기도 합니다. 하나씩 살펴보면서 자신이 지을 때 어떤 방법으로 하는 게 좋을지 잘 생각해 보면서 읽어 보면 좋을 듯합니다. 전 세계적인 화두인 단열 문제를 해결하고 아울러 강화되는 내진 설계 문제에도 대응한 공법이기 때문에 의미가 있다고 보입니다.

단열흙블록 이중쌓기를 이용한 흙집 짓기

2016년
한국흙건축학교 여름학기에 진행된
마을 사랑방 짓기

흙집 짓기를 배우다

기초 ── 벽체 ── 지붕 ── 마감(천장) ── 마감(내벽) ── 마감(바닥) ── 마감(외벽) ── 완성

거푸집 설치   ● 입사기초를 한 다음 온통기초를 위해 거푸집을 짜고 비닐을 깝니다. 거푸집은 목재로도 할 수 있습니다.

횡력 보강   ● 철근을 설치하거나 굵은 와이어메쉬를 두세 켜 설치해 횡력 보강을 해 줍니다.

기초 —— 벽체 —— 지붕 —— 마감(천장) —— 마감(내벽) —— 마감(바닥) —— 마감(외벽) —— 완성

흙타설 ● 고강도 흙을 타설합니다.

기둥 벽체 철근 매립 ● 흙타설 기초를 할 때 상부 벽과의 관계에 따라 철근을 미리 묻어서 시공할 수도 있습니다.

기초 —— **벽체** —— 지붕 —— 마감(천장) —— 마감(내벽) —— 마감(바닥) —— 마감(외벽) —— 완성

속기둥 만들기   ● 첫 단은 단열흙블록을 1.5B로 쌓은 다음 2단부터 단열흙블록을 이중으로 쌓습니다. 기둥은 단열흙블록 가운데 기초에서 심어 둔 철근(전산볼트)에 고강도 흙을 채워서 만들어 갑니다.

단열흙블록 이중쌓기 ● 단열흙블록을 이중으로 쌓아 벽체를 만들어 갑니다. 두세 단에 한 번씩 철물을 이용하여 양쪽 벽체를 연결해 줍니다. 이중쌓기 시 바깥쪽은 비바람에 강하도록 고강도 벽돌로 할 수도 있습니다.

기초 ── **벽체** ── 지붕 ── 마감(천장) ── 마감(내벽) ── 마감(바닥) ── 마감(외벽) ── 완성

왕겨 넣기   ● 왕겨(또는 훈탄, 펄라이트)를 채워 넣습니다. 왕겨를 넣을 때는 벌레나 부식을 막아 주도록 베이킹소다를 섞어서 넣습니다.

왕겨 다지기   ● 왕겨가 가라앉아 단열에 문제가 생기지 않도록 막대기로 잘 다져 줍니다.

기초 —— **벽체** —— 지붕 —— 마감(천장) —— 마감(내벽) —— 마감(바닥) —— 마감(외벽) —— 완성

창문틀 설치   ● 일정한 높이가 쌓이면 창틀이나 문틀을 설치하고 쌓습니다. 창틀이나 문틀 옆면은 못을 박고 쌓아서 창틀이나 문틀이 흔들리지 않도록 합니다.

쌓기 계속   ● 모서리에 보이는 것은 기준틀입니다. 블록을 쌓을 때 수직 기준을 잡아 주는 것으로써 쌓기 전에 미리 설치하고 실을 매달아서 수직을 잡아 줍니다. 단열흙블록 쌓기가 계속 진행 중인데, 창틀

위에는 철근이나 앵글을 설치하고 나서 쌓아야 창틀 위쪽의 블록 하중을 분산시켜 창틀이 휘는 것을 막을 수 있습니다. 길이는 창틀보다 300mm 이상 길게 하는 것이 좋습니다.

기초 —— **벽체** —— 지붕 —— 마감(천장) —— 마감(내벽) —— 마감(바닥) —— 마감(외벽) —— 완성

쌓기 계속 ● 수평실을 설치하고 거기에 맞추어 블록을 쌓을 때 수평을 잡아 줍니다.

단열몰탈 배합 ● 단열흙블록은 같은 배합비로 만들어진 단열흙몰탈을 사용하는 것이 좋은데, 왕겨는 흙의 1~1.5배 정도를 섞습니다.

기초 —— **벽체** —— 지붕 —— 마감(천장) —— 마감(내벽) —— 마감(바닥) —— 마감(외벽) —— 완성

단열흙블록   ● 단열흙블록은 흙 재료들에 왕겨를 섞어서 단열성을 높인 것으로 자신이 직접 제조하여 사용할 수도 있고 시중에서 구입할 수도 있습니다. 한국흙건축학교로 연락하시면 도움을 받으실 수 있습니다.

단열흙블록   ● 단열흙블록은 목재로 틀을 짜서 간단하게 만들 수 있는 장점이 있습니다.

기초 —— 벽체 —— **지붕** —— 마감(천장) —— 마감(내벽) —— 마감(바닥) —— 마감(외벽) —— 완성

깔도리 설치　● 벽체 쌓기가 끝나면 벽체 위에 깔도리를 깔아 줍니다. 구멍을 뚫어서 기둥에 있는 철근(전산볼트)에 조여 주고, 벽체 위에는 롤핀을 박아 줍니다.

테두리보 설치　● 깔도리가 설치되면 그 옆으로 목재를 붙여서 테두리보를 만듭니다.

기초 —— 벽체 —— **지붕** —— 마감(천장) —— 마감(내벽) —— 마감(바닥) —— 마감(외벽) —— 완성

천장보 설치　　● 천장 지지대를 설치하고 거기에 천장보를 설치합니다.

천장보　　● 천장 지지대에 천장보를 설치한 모습입니다.

기초 —— 벽체 —— **지붕** —— 마감(천장) —— 마감(내벽) —— 마감(바닥) —— 마감(외벽) —— 완성

천장널 설치 ● 천장보 위에 천장널을 설치합니다. 천장보 아래에는 천장판을 붙여 도배를 하거나 목재 루버를 붙여 마무리합니다.

천장널 설치 ● 천장보 위에 천장널을 설치합니다. 이러면 이 천장널 위에서 지붕 작업을 편하게 할 수 있습니다.

기초 —— 벽체 —— **지붕** —— 마감(천장) —— 마감(내벽) —— 마감(바닥) —— 마감(외벽) —— 완성

동자기둥 및 방습지 설치

● 테두리보에 동자기둥을 끼우고, 천장널 위에는 방습지를 깔아 줍니다. 서까래 설치 전에 방습지를 깔 때는 방습지가 찢어지지 않도록 주의해야 합니다. 서까래 설치 후에는 작업하기 어려운 단점이 있습니다. 일장일단이 있습니다.

서까래 설치 ● 동자기둥에 서까래를 끼워 설치합니다.

기초 —— 벽체 —— **지붕** —— 마감(천장) —— 마감(내벽) —— 마감(바닥) —— 마감(외벽) —— 완성

단열재 설치   ● 단열재는 무기 섬유를 사용할 수도 있고 유기 재료를 사용할 수도 있는데, 여기서는 왕겨를 태운 왕겨숯(훈탄)을 사용했습니다.

지붕 강판 설치   ● 앞에서 설명한 대로 지붕널을 깔고 방수지를 붙인 후 측면 후레싱을 설치하고 지붕 강판을 깔아 줍니다. 징크판 같은 강판 대신 기와를 올릴 수도 있습니다.

기초 —— 벽체 —— **지붕** —— 마감(천장) —— 마감(내벽) —— 마감(바닥) —— 마감(외벽) —— 완성

정면 후레싱 설치 ● 지붕 강판을 깐 후에 정면 후레싱을 설치하여 지붕을 마무리합니다. 지붕널 위에 방수지를 깔고 강판을 덮을 때 강판 주위에 비가 새지 않도록 두르는 얇은 철판을 후레싱이라고 합니다. 동네 함석가게나 절곡가게에서 주문하면 됩니다.

정면 후레싱 설치 ● 후레싱은 지붕에 빗물이 침투하지 못하게 하는 부재입니다. 측면 후레싱은 지붕 강판을 깔기 전에, 정면 후레싱은 지붕 강판을 깐 후에 설치합니다.

기초 ── 벽체 ── **지붕** ── 마감(천장) ── 마감(내벽) ── 마감(바닥) ── 마감(외벽) ── 완성

방충망 설치   ● 지붕 속으로 새, 쥐, 벌레 등의 침입을 막기 위해 방충망을 설치합니다.

방충망 설치 효과   ● 방충망은 벽체와 지붕이 만나는 부분에 설치합니다. 지붕에 벌레나 쥐의 침입을 막는 역할도 하지만, 바람길을 내 주어 지붕 부재들이 썩지 않게 해 주는 역할도 합니다.

기초 —— 벽체 —— 지붕 —— **마감(천장)** —— 마감(내벽) —— 마감(바닥) —— 마감(외벽) —— 완성

목재 루버 설치   ● 천장보 밑에 목재 루버를 붙여 천장을 마감합니다. 천장보 밑에 천장판을 붙인 후 도배를 하기도 합니다.

천장 완성   ● 목재 루버로 천장을 완성한 모습입니다.

기초 —— 벽체 —— 지붕 —— 마감(천장) —— **마감(내벽)** —— 마감(바닥) —— 마감(외벽) —— 완성

내벽 흙미장을 위한 보양

● 흙미장을 하기 위해서 천장 루버에 흙이 묻지 않도록 보양 테이프를 붙여 줍니다.

흙미장 바탕 처리

● 흙미장을 하기 전에 바탕 면을 정리해 줍니다. 흙미장 두께는 10mm 내외이므로 움푹 들어간 곳에 흙을 메워 주고, 돌출된 곳은 깎아 줍니다.

기초 —— 벽체 —— 지붕 —— 마감(천장) —— **마감(내벽)** —— 마감(바닥) —— 마감(외벽) —— 완성

흙미장　　● 실내 흙미장은 100% 흙으로만 진행하고, 평활한 면을 위해 흙손미장(일명 칼미장)을 합니다.

흙미장 양생　　● 벽체 미장이 끝나면 바람이 잘 통하게 하여 말려 주는 게 좋습니다. 미장 직후 초기에 마르지 않으면 곰팡이가 발생하는 등 하자가 생길 수 있습니다.

기초 —— 벽체 —— 지붕 —— 마감(천장) —— 마감(내벽) —— **마감(바닥)** —— 마감(외벽) —— 완성

방바닥 기준선   ● 방바닥 마감을 위해 기준선을 그립니다.

단열재 설치   ● 비닐이나 방습지를 깐 후 단열흙블록을 깔고 있습니다.

기초 — 벽체 — 지붕 — 마감(천장) — 마감(내벽) — **마감(바닥)** — 마감(외벽) — 완성

단열재 설치 ● 단열흙블록 사이사이에 단열몰탈을 채워 넣었습니다.

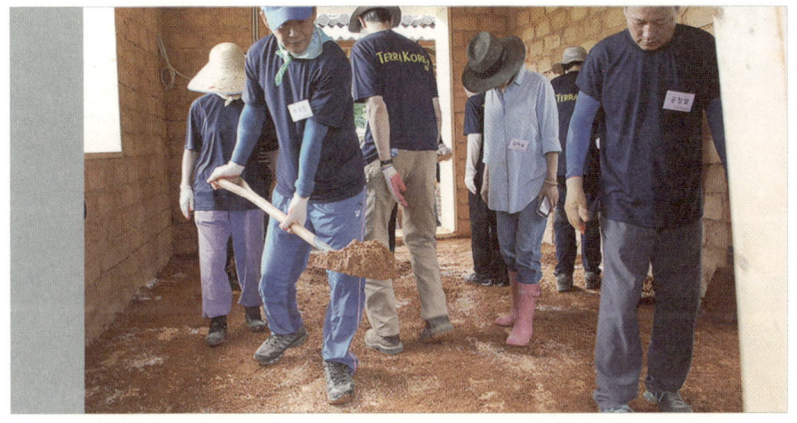

온수관 설치 ● 와이어메쉬를 깔고 그 위에 온수관(XL파이프)을 고정합니다.

기초 —— 벽체 —— 지붕 —— 마감(천장) —— 마감(내벽) —— **마감(바닥)** —— 마감(외벽) —— 완성

흙 채우기   ● 흙을 채워서 면을 고르게 합니다.

바닥 미장   ● 바닥 미장을 하여 마무리합니다. 요즘에는 자동으로 수평을 잡아주는 황토 자동물탈self-leveling을 사용하여 간편하게 작업합니다.

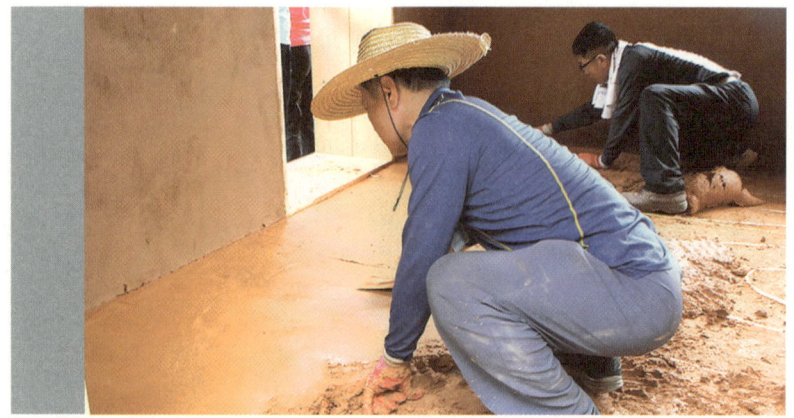

기초 ── 벽체 ── 지붕 ── 마감(천장) ── 마감(내벽) ── **마감(바닥)** ── 마감(외벽) ── 완성

바닥 미장　● 바닥 미장을 마무리하는 모습입니다.

바닥 미장 양생　● 바닥 미장이 끝나면 잘 말려 줍니다. 바닥 미장과 벽체 미장의 순서는 현장 여건에 따라 다르게 할 수 있습니다.

기초 —— 벽체 —— 지붕 —— 마감(천장) —— 마감(내벽) —— 마감(바닥) —— **마감(외벽)** —— 완성

단열몰탈 배합   ● 단열흙블록은 같은 배합비로 만들어진 단열흙몰탈을 사용하는 것이 좋은데, 왕겨는 흙의 1~1.5배 정도를 섞습니다.

손미장   ● 외부 미장은 거친 흙 느낌을 살리기 위해 손미장을 합니다. 흙손미장을 할 수도 있습니다.

기초 ── 벽체 ── 지붕 ── 마감(천장) ── 마감(내벽) ── 마감(바닥) ── **마감(외벽)** ── 완성

손미장 ● 손미장을 하면 자연스럽고 거친 느낌이 납니다.

손미장 ● 손미장을 하면 여러 가지 모양의 벽체 조형물을 만들 수 있습니다. 닭 울음과 관련 있는 마을이라서 닭 모양을 만들었습니다.

기초 —— 벽체 —— 지붕 —— 마감(천장) —— 마감(내벽) —— 마감(바닥) —— **마감(외벽)** —— 완성

외벽 마감 ● 흙벽 전용 마감재인 F337을 2회 바르고, 끓인 아마인유를 1회 발라서 마무리합니다. 아마인유로만 5회 정도 발라서 마무리할 수도 있습니다.

외벽 마감 ● 벽체 마감은 분부기로 분사할 수도 있고, 붓으로 칠할 수도 있습니다.

기초 —— 벽체 —— 지붕 —— 마감(천장) —— 마감(내벽) —— 마감(바닥) —— 마감(외벽) —— **완성**

완성　　　　　● 주변 정리를 하고 있습니다. 앞쪽에 보이는 나무 기둥과 마루는 마을 주민들께서 원하셔서 추가로 설치하였습니다.

단열흙다짐을
이용한 흙집 짓기

2016년
한국흙건축학교 가을학기에 진행된
마을 사랑방 짓기

흙집 짓기를 배우다

기초 ── 벽체 ── 지붕 ── 마감(내벽) ── 마감(바닥) ── 마감(외벽) ── 완성

비닐 깔고 벽돌 쌓기 ● 콘크리트 바닥 위에 짓는 것이어서 바닥에서 올라오는 습기를 막기 위해 비닐을 깔고 벽돌 기초만 하였습니다. 맨바닥이라면 동결심도까지 바닥을 파고 입사기초(물다짐)를 한 후에 벽돌 기초를 해야 합니다.

벽돌 사이에 와이어메쉬 깔기

● 벽돌을 쌓을 때 벽돌 한 켜마다 와이어메쉬를 깔아서 강성을 높여 줍니다. 와이어메쉬란 철사를 붙여 만든 철망으로 기초에 사용하는 것은 토목용 굵은 와이어메쉬가 좋습니다.

기초 ── 벽체 ── 지붕 ── 마감(내벽) ── 마감(바닥) ── 마감(외벽) ── 완성

벽돌 계속 쌓기 ● 벽돌을 계속 쌓아서 기초를 만들어 갑니다. 이 때 사용되는 벽돌은 고강도 황토벽돌이 가장 좋고, 구하기 어려우면 일반 구운 벽돌도 괜찮습니다.

벽돌 기초 완성 ● 벽돌을 5~7단 정도 쌓아서 30~45cm 정도가 되도록 합니다. 또한 각 모서리마다 철근을 심어서 기초와 벽체가 일체가 되도록 합니다.

기초 ——— **벽체** ——— 지붕 ——— 마감(내벽) ——— 마감(바닥) ——— 마감(외벽) ——— 완성

거푸집 짜기   ● 흙다짐을 위해 거푸집을 짜는데, 여기서는 콘크리트용 거푸집을 사용했습니다. (목재를 이용한 거푸집 짜기는 뒤에서 설명하겠습니다.) 거푸집은 지역마다 있는 거푸집 대여소에 연락하면 저렴한 가격으로 임대하여 사용할 수 있습니다.

면목 설치   ● 면목은 모서리 부분이 깨지는 것을 막기 위하여 붙이는 부재로 나중에 거푸집을 떼어냈을 때 다듬어진 모서리를 만들 수 있습니다.

기초 ——— **벽체** ——— 지붕 ——— 마감(내벽) ——— 마감(바닥) ——— 마감(외벽) ——— 완성

거푸집에 기름칠하기

● 거푸집이 잘 떼어지도록 거푸집에 콩기름을 칠해 줍니다. 콘크리트 공사에서는 탈형제라는 것을 바르는데, 흙다짐 공사에서는 생태적인 방법으로 콩기름을 발라 줍니다. 거푸집은 한쪽은 벽체 끝까지 설치하고, 한쪽은 작업의 편의성을 위해 낮게 설치해 흙을 다져 올라가면서 순차적으로 설치합니다.

단열재 만들기

● 부패와 벌레가 서식하는 것을 방지하기 위하여 왕겨에 베이킹소다를 섞어 단열재를 만듭니다. 베이킹소다는 왕겨 큰 통 하나에 바가지 하나 정도를 넣습니다. 이후 양파망에 넣어 끈이나 케이블타이로 단단히 묶어 줍니다.

기초 ──── **벽체** ──── 지붕 ──── 마감(내벽) ──── 마감(바닥) ──── 마감(외벽) ──── 완성

와이어메쉬에 묶어 주기

● 흙을 다질 때 단열재가 뜨는 것을 방지하기 위해서 양파망을 와이어메쉬 위에 묶어 줍니다.

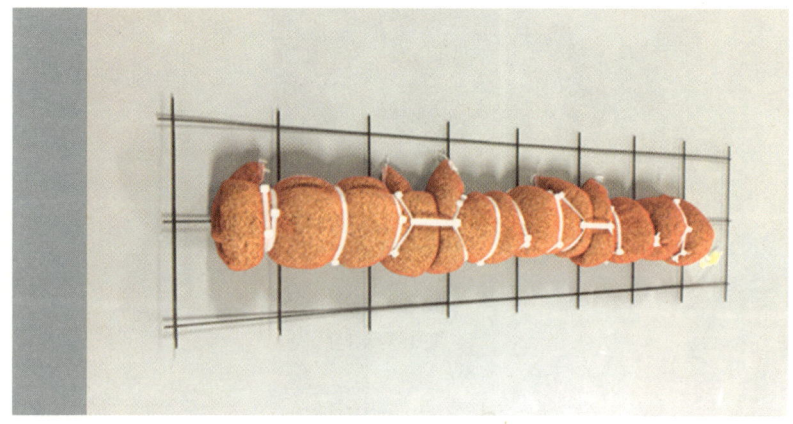

단열재 설치

● 단열재를 흙 위에 설치합니다. 와이어메쉬는 단열재 양쪽으로 흙을 일체화시켜 주는 역할도 합니다. 그리고 아래에 보이는 철근은 기초에서부터 올라온 것으로 향후 지붕까지 연결됩니다.

기초 ── **벽체** ── 지붕 ── 마감(내벽) ── 마감(바닥) ── 마감(외벽) ── 완성

흙 다지기   ● 발로 밟거나 다짐공이로 가볍게 다져 줍니다. 재래식 다짐은 강한 힘으로 단단히 다져 주어야 했지만, 고강도 다짐은 그저 발로 밟는 정도면 됩니다. 구석이나 모서리 부분처럼 발로 다져지지 않는 곳은 다짐공이로 가볍게 다져 주면 됩니다.

단열흙블록 쌓기   ● 단열흙다짐 벽이 아닌 다른 벽체는 단열흙블록을 쌓습니다. 단열을 위해 1.5B(450mm)로 오른쪽에 보이는 단열흙다짐의 단열재와 연결하여 쌓습니다.

기초 ─── 벽체 ─── **지붕** ─── 마감(내벽) ─── 마감(바닥) ─── 마감(외벽) ─── 완성

거푸집 탈형 및 깔도리 설치

● 거푸집을 탈형하고 깔도리를 설치합니다. (이 교육에서는 비가 와서 흙다짐이 덜 굳었을지 몰라 상부 거푸집만 탈형하고 깔도리

를 설치했습니다. 교육 일정상 지붕을 안 할 수 없어서 다소 무리한 진행을 하였습니다.) 깔도리는 나무에 구멍을 뚫어 기초부터 이어져 온 철근에다 끼우고 조여 줍니다.

깔도리 설치 및 사춤 ● 깔도리는 두 장을 겹쳐서 설치합니다. 그리고 아래 사진에서처럼 불균질한 다짐이 있는 곳에는 흙을 반죽하여 채워 넣는데, 이를 사춤이라 합니다.

기초 —— 벽체 —— **지붕** —— 마감(내벽) —— 마감(바닥) —— 마감(외벽) —— 완성

서까래 설치　● 깔도리가 설치되면 서까래를 설치하는데, 서까래 양쪽을 ㄱ자 모양으로 따내고 깔도리에 곧바로 설치합니다.

서까래 설치　● 서까래를 계속해서 설치합니다. 서까래의 양옆으로 따내는 것의 높이차를 이용해 경사를 만들어 줍니다. 서까래는 2×8″이나 2×10″ 목재를 주로 사용합니다.

| 기초 —— 벽체 —— **지붕** —— 마감(내벽) —— 마감(바닥) —— 마감(외벽) —— 완성 |

지붕널 깔기　● 서까래 위에 지붕널(개판)을 깔아 줍니다. 지붕널은 물에 강한 OSB 합판을 깔 수도 있지만, 2×8″이나 2×10″ 목재를 깔아 주면 튼튼합니다.

막새나무 붙이기　● 이번 건물은 짧은 처마를 가진 건물인데, 고강도의 흙을 사용하여 물에 대한 저항성이 커서 가능합니다.

기초 ──── 벽체 ──── **지붕** ──── 마감(내벽) ──── 마감(바닥) ──── 마감(외벽) ──── 완성

지붕틀 완성   ● 지붕틀이 완성되었습니다. 이 위에 방수지를 깔고 강판을 덮으면 됩니다.

후레싱 설치하기   ● 지붕널 위에 방수지를 깔고 강판을 덮을 때 강판 주위에 비가 새지 않도록 두르는 얇은 철판을 후레싱이라고 합니다. 동네 함석가게나 절곡가게에서 주문하면 됩니다. (뒷집의 지붕이 겹쳐 보이는데, 앞쪽의 직선 구조물을 보시면 됩니다.)

기초 ──── 벽체 ──── **지붕** ──── 마감(내벽) ──── 마감(바닥) ──── 마감(외벽) ──── 완성

지붕 완성　　● 현대적 느낌의 사각형의 지붕이 완성되었는데, 평지붕이어서 사진에서는 후레싱만 보입니다. 앞쪽에 보이는 나무 캐노피는 시공 중에 마을 분들의 요청으로 추가된 것입니다.

단열재 설치　　● 테두리보 주위로 단열재를 채워 넣고 통기를 위한 통풍구 설치 후 실내 쪽 천장에 단열재를 설치합니다. 이번 경우는 얇은 천장 방식의 단열 방식이어서 이런 방법으로 했습니다.

기초 ── 벽체 ── **지붕** ── 마감(내벽) ── 마감(바닥) ── 마감(외벽) ── 완성

단열재 설치 ● 친환경 단열재에는 몇 가지가 있습니다. 벽체에는 왕겨나 왕겨숯을 주로 사용하고 지붕에는 난연성의 단열재를 많이 사용하는데, 여기에서는 에코바트 R-30을 사용하였습니다.

방습지 부착 ● 단열재를 설치하고 나면 방습지를 붙여 줍니다. 실내의 습기가 천장 위로 올라가 내부 결로가 생기는 것을 막기 위해서입니다.

기초 ──── 벽체 ──── **지붕** ──── 마감(내벽) ──── 마감(바닥) ──── 마감(외벽) ──── 완성

목재 루버 마감   ● 합판을 붙이고 도배를 하는 경우도 있지만 목재 루버를 붙여서 마감하는 것이 더 좋습니다.

목재 루버 마감   ● 목재 루버는 편백 등 자신의 취향에 맞는 것을 선정하여 붙이면 향기나 모양의 다양성을 누릴 수 있습니다.

기초 ──── 벽체 ──── 지붕 ──── **마감(내벽)** ──── 마감(바닥) ──── 마감(외벽) ──── 완성

실내 마감 ● 실내 벽체에 흙미장을 합니다. 단열흙블록 표면은 거칠거칠한데 그대로 마감하여 거친 면을 즐길 수도 있고 흙미장을 하여 매끈한 면으로 만들 수도 있습니다. 흙다짐벽은 미장을 하지 않아서 편합니다.

흙미장 완성 ● 흙미장을 한 벽체와 다짐 벽체가 함께 보입니다. 흙다짐 벽은 별도의 미장 없이 완성되는 장점이 있습니다.

기초 ──── 벽체 ──── 지붕 ──── 마감(내벽) ──── **마감(바닥)** ──── 마감(외벽) ──── 완성

단열재 설치   ● 바닥에 방습지를 깐 후 단열재를 설치합니다. 여기서는 단열흙블록을 깔고 사이사이에 단열몰탈을 채워 넣었습니다.

흙깔기   ● 단열재 위에 고강도 흙을 깔아서 바닥 면의 베이스를 잡아 줍니다.

기초 ── 벽체 ── 지붕 ── 마감(내벽) ── **마감(바닥)** ── 마감(외벽) ── 완성

온수관 설치   ● 와이어메쉬를 깔고 그 위에 온수관(XL파이프)을 고정시킵니다. 보통은 구들로 하는데 이 마을에서는 나무를 때기가 쉽지 않아서 이 방식을 원했습니다.

흙 채우기 및 미장   ● 온수관을 설치한 다음 흙을 채운 후 그 위에 미장하여 마무리합니다.

| 기초 —— 벽체 —— 지붕 —— 마감(내벽) —— 마감(바닥) —— **마감(외벽)** —— 완성 |

외벽 마감　● 흙벽 전용 마감재인 F337을 2회 바르고, 끓인 아마인유를 1회 발라 마무리합니다. 아마인유로만 5회 정도 발라 마무리할 수도 있습니다.

| 기초 —— 벽체 —— 지붕 —— 마감(내벽) —— 마감(바닥) —— 마감(외벽) —— **완성** |

완성　● 완성된 모습입니다.

단열흙다짐과 단열흙블록을 이용한 흙집 짓기

2015년
한국흙건축학교 가을학기에 진행된
마을 사랑방 짓기

흙집 짓기를 배우다

기초 —— 벽체 —— 지붕 —— 마감(천장) —— 마감(내벽) —— 마감(바닥) —— 마감(외벽) —— 완성

벽돌 기초   ● 앞에서 설명한 대로 벽돌로 기초를 만듭니다.

기초 —— **벽체** —— 지붕 —— 마감(천장) —— 마감(내벽) —— 마감(바닥) —— 마감(외벽) —— 완성

거푸집 짜기   ● 목재를 이용하여 단열흙다짐 거푸집을 짭니다. 거푸집에 이용된 목재는 거푸집을 해체한 후 지붕에 사용됩니다. 한 면은 아래에서부터 위까지 짜고, 한 면은 절반 높이로 짜서 흙을 다진 후 나머지 반을 짜서 올립니다.

기초 —— **벽체** —— 지붕 —— 마감(천장) —— 마감(내벽) —— 마감(바닥) —— 마감(외벽) —— 완성

흙 다지기　　● 벽체 상부 면까지 흙을 다져 올립니다.

거푸집 해체　　● 흙이 양생되면 거푸집을 해체합니다.

기초 ── **벽체** ── 지붕 ── 마감(천장) ── 마감(내벽) ── 마감(바닥) ── 마감(외벽) ── 완성

거푸집 해체　　● 해체한 목재는 지붕에 사용됩니다. 옆으로 보이는 벽체는 다짐 양생 중에 만든 단열흙블록 벽체입니다.

흙다짐벽　　● 거푸집을 해체한 후 흙다짐벽 모습입니다.

기초 —— **벽체** —— 지붕 —— 마감(천장) —— 마감(내벽) —— 마감(바닥) —— 마감(외벽) —— 완성

단열흙다짐벽 정면 모습

● 옆에 있는 흙블록과는 다른 느낌입니다.

이중쌓기 ● 벽체는 단열흙블록을 이중으로 쌓고, 기둥은 단열흙블록 가운데 기초에서 심어 둔 철근(전산볼트)에 고강도 흙을 채워서 만들어 갑니다. (상세 사항은 앞에서 설명한 것을 참조하시면 됩니다.)

기초 ── **벽체** ── 지붕 ── 마감(천장) ── 마감(내벽) ── 마감(바닥) ── 마감(외벽) ── 완성

왕겨 넣기   ● 베이킹소다를 넣어 벌레나 부식을 막아 주는 왕겨를 채워 넣습니다. 비싸긴 하지만 왕겨숯(훈탄)을 넣으면 더 좋습니다.

왕겨 다지기   ● 왕겨가 가라앉아 단열에 문제가 생기지 않도록 막대기로 잘 다져 줍니다. 다짐 막대기 사이로 양쪽 벽체를 연결해 주는 철물이 보입니다.

기초 —— **벽체** —— 지붕 —— 마감(천장) —— 마감(내벽) —— 마감(바닥) —— 마감(외벽) —— 완성

쌓기 계속 ● 단열흙블록을 이중으로 계속 쌓아 올라갑니다. 블록을 쌓을 때 수직 기준을 잡아 주는 것으로써 쌓기 전에 미리 설치하고 실을 매달아서 수직을 잡아 주는 기준틀이 가운데에 보입니다.

창틀 설치 ● 단열흙블록을 쌓을 때 창틀은 미리 설치하여 쌓을 수도 있고, 블록을 쌓은 후 나중에 설치할 수도 있습니다.

기초 ── 벽체 ── **지붕** ── 마감(천장) ── 마감(내벽) ── 마감(바닥) ── 마감(외벽) ── 완성

지붕널 깔기   ● 서까래 위에 지붕널을 깔아 줍니다. (지붕널-서까래-단열재-천장널-천장보-천장판 등 지붕틀에 대한 내용은 앞의 내용을 참조하시기 바랍니다.)

방수지 깔기   ● 지붕널 위에 방수지를 깔아 줍니다. 비가 흐르는 방향을 생각하여 경사가 낮은 쪽을 먼저 깔고 순차적으로 높은 쪽을 깝니다. 아래 사진에서는 경사가 낮은 오른쪽을 깔고 순차적으로 경사가 높은 왼쪽을 깔고 있습니다.

기초 ── 벽체 ── **지붕** ── 마감(천장) ── 마감(내벽) ── 마감(바닥) ── 마감(외벽) ── 완성

지붕 강판 설치   ● 방수지 위에 지붕 강판을 깔아 줍니다. 징크판이 주로 이용되고 강판 대신 기와를 올릴 수도 있습니다. 왼쪽에 강판 위쪽으로 설치된 정면 후레싱이 보입니다.

기초 ── 벽체 ── 지붕 ── **마감(천장)** ── 마감(내벽) ── 마감(바닥) ── 마감(외벽) ── 완성

천장 목재 루버 설치 ● 천장보 밑에 목재 루버를 붙여서 마감합니다. 천장판을 대고 도배할 수도 있습니다.

기초 —— 벽체 —— 지붕 —— 마감(천장) —— **마감(내벽)** —— 마감(바닥) —— 마감(외벽) —— 완성

내벽 흙미장 ● 실내 흙미장은 100% 흙으로만 진행하고, 바탕면을 정리한 다음 흙손미장(칼미장)을 합니다.

내벽 흙미장 ● 흙미장이 완료된 모습입니다.

기초 —— 벽체 —— 지붕 —— 마감(천장) —— 마감(내벽) —— **마감(바닥)** —— 마감(외벽) —— 완성

간편구들(신구들) ● 구들장 방식의 간편구들인 신구들을 설치합니다. 단열재를 깔고 흙으로 바닥을 고른 후 벽돌로 고래를 만드는데, 고래는 전통구들과 달리 경로가 복잡할수록 좋습니다.

벽난로 연결 ● 간편구들을 만들 때 아궁이 연통을 실내로 빼두면, 나중에 실내 벽난로를 연결하여 벽난로 구들을 만들 수 있습니다.

기초 —— 벽체 —— 지붕 —— 마감(천장) —— 마감(내벽) —— **마감(바닥)** —— 마감(외벽) —— 완성

판석 덮기   ● 고래 위에 판석을 덮습니다. 예전처럼 구들장 돌을 사용하면 좋습니다만, 구하기가 쉽지 않아서 구하기 쉬운 500×500×50mm 판석을 주로 사용합니다.

판석 틈 메우기   ● 판석과 판석 사이의 틈을 메워 줍니다.

기초 —— 벽체 —— 지붕 —— 마감(천장) —— 마감(내벽) —— 마감(바닥) —— **마감(외벽)** —— 완성

흙미장　　● 판석 위에 흙을 50mm 정도 깔고 미장하여 마무리합니다. 요즘에는 자동으로 수평을 잡아주는 황토 자동물탈을 사용하여 간편하게 작업합니다.

손미장　　● 외부 미장은 자연스러운 흙 느낌을 살리기 위해 손미장을 합니다. 필요하면 흙으로 부조를 만들 수 있습니다. 흙손미장(칼미장)을 할 수도 있습니다.

기초 ─── 벽체 ─── 지붕 ─── 마감(천장) ─── 마감(내벽) ─── 마감(바닥) ─── **마감(외벽)** ─── 완성

외벽 마감   ● 흙벽 전용 마감재인 F337을 2회 바르고, 끓인 아마인유를 1회 발라서 마무리합니다. 아마인유로만 5회 정도 발라서 마무리할 수도 있습니다.

기초 ─── 벽체 ─── 지붕 ─── 마감(천장) ─── 마감(내벽) ─── 마감(바닥) ─── 마감(외벽) ─── **완성**

완성   ● 완성된 모습입니다.

흙집에 관한 거의 모든 것

초판 1쇄 발행	2017년 12월 22일
초판 2쇄 발행	2019년 12월 24일

지은이	황혜주
펴낸곳	(주)행성비
펴낸이	임태주
책임편집	안명희
디자인	이새미
출판등록번호	제313-2010-208호
주소	서울시 마포구 토정로 222 한국출판콘텐츠센터 318호
대표전화	02-326-5913
팩스	02-326-5917
이메일	hangseongb@naver.com
홈페이지	www.planetb.co.kr

ISBN 979-11-87525-59-2 13540

※ 값은 뒤표지에 있습니다. 잘못 만들어진 책은 구입하신 서점에서 교환해 드립니다.
※ 이 도서의 국립중앙도서관 출판예정도서목록(CIP)은 서지정보유통지원시스템 홈페이지(http://seoji.nl.go.kr)와 국가자료공동목록시스템(http://www.nl.go.kr/kolisnet)에서 이용하실 수 있습니다.(CIP제어번호: CIP2017030860)

행성B는 독자 여러분의 참신한 기획 아이디어와 독창적인 원고를 기다리고 있습니다.
hangseongb@naver.com으로 보내 주시면 소중하게 검토하겠습니다.